编织摇篮曲

20余款编织花样
适用于1~24个月宝宝

〔丹〕韦伯·尤里克·森德高 著

胡怡真 译

河南科学技术出版社
·郑州·

关于作者

韦伯·尤里克·森德高于2001年至2002年在加利福尼亚州圣巴巴拉的布鲁克斯摄影学院学习时装设计，于2004年至2007年在伦敦的金斯顿大学学习时装设计。

韦伯现在为Zinc设计有限公司工作，设计并制作手工编织样品，其作品被卖到纽约、洛杉矶、巴黎、巴塞罗那和伦敦的时装公司。设计合作人包括Nicole Farhi和Whistles。韦伯色彩鲜艳、质地优良的设计兼具实用性与美观性。

Copyright © Collins and Brown 2013
First published in Great Britain in 2013 by Collins and Brown ,
An imprint of Anova Books Company Limited, 10 Southcombe street, London, W14 0RA

版权所有，翻印必究！
著作权合同登记号：图字16-2014-152

图书在版编目(CIP)数据

编织摇篮曲/（丹）韦伯·尤里克·森德高著；胡怡真译.—郑州：河南科学技术出版社，2016.6
ISBN 978-7-5349-8121-0

Ⅰ.①编… Ⅱ.①韦… ②胡… Ⅲ.①童服-绒线-编织-图集 Ⅳ.①TS941.763.1-64

中国版本图书馆CIP数据核字（2016）第121337号

出版发行：河南科学技术出版社
　　　地　址：郑州市经五路66号　　邮编：450002
　　　电　话：（0371）65737028　65788613
　　　网　址：www.hnstp.cn
策划编辑：李　洁
责任编辑：孟凡晓
责任校对：金兰苹
责任印制：张艳芳
印　　刷：北京盛通印刷股份有限公司
经　　销：全国新华书店
幅面尺寸：189 mm×246 mm　印张：9　字数：230千字
版　　次：2016年6月第1版　2016年6月第1次印刷
定　　价：39.80元

如发现印、装质量问题，影响阅读，请与出版社联系并调换。

目 录

6 介绍

8 **套头衫**
10 简易麻花套头衫
17 钟式罗纹针套头衫
22 小麻花套头衫
29 小树套头衫
34 麻花和雏菊针法套头衫
40 一字领口麻花套头衫
47 滑针套头衫

52 **毛开衫和夹克衫**
54 蕾丝毛开衫
65 大八字领夹克衫
70 小麻花毛开衫
77 起伏针毛开衫
82 起伏针夹克衫
89 连帽夹克衫

94 **毛背心**
96 蕾丝毛背心
103 暖融融毛背心
108 麻花毛背心

114 **配饰**
116 波纹帽
121 婴儿肋骨靴
124 美利奴羊毛蕾丝毯子
129 棉麻蕾丝毯子
132 小海豚睡袋
137 妈妈的蕾丝披肩

140 缩略语
141 选择毛线
142 毛线资料
142 供货商
142 换算
143 感谢

介　　绍

我确信我认识的所有人都觉得婴儿装很可爱，在商店里有太多可爱的婴儿装，有的毛衣是编织者难以驾驭的。话虽如此，但是将你亲手做的东西送给别人看起来总是非常特别的，不仅仅是因为毛线很可爱且柔软，还因为将要穿这件衣服的人是你非常在乎的人。

我很高兴能给我机会出版这本书，但我也有些担心。在设计婴儿装时，有些实际情况要考虑，而且我以前从未给婴儿设计过服装。这些最终款式的汇编是各种设计的混合，有些是男孩和女孩都适合穿的，有些是专为女孩设计的。在我的上一本书《爱之劳作》中，有些款式相当简单，而其他的需要有一定的编织经验。扣眼很少且距离远，主要是用于简单的钩编线条。我有意识地精选毛线，是顾及耐穿、耐磨、容易洗涤，但是有些还是没能达到所有的标准，仅仅是因为毛线太柔软、太可爱了，实在忍不住就用了。

当有人告诉我他们按照我第一本书的样式织出来一件毛衣时，我感到非常荣幸。我希望，不论你是要为自己的宝贝织，还是要为你的孙子辈、侄子、侄女或朋友的宝宝织，你都会在本书中发现你想织的作品。婴儿装的好处是织片都相当小，所以，即使是一个有挑战性的花形也比一件成人毛衣完成得更快。

我希望这本书能够帮助你，带给你鼓舞———一旦你成功了，取得了让人骄傲的成果，你就再也不会回到原先对编织一无所知的状态。

给你最贴心的祝福，希望你能享受你的编织时光。

套头衫

简易麻花套头衫

如果你用可爱的毛线编织，即使最简单的麻花花样也能织出漂亮的毛衣。用起伏针和麻花花样编织，这款毛衣是献给"麻花迷"初学者的礼物，快来试试吧！

尺寸

尺码（月龄）	4~6个月	7~9个月	10~12个月	13~18个月	19~24个月
成衣胸围尺寸	48厘米	51.5厘米	55厘米	58厘米	61.5厘米
成衣袖缝尺寸	11厘米	14厘米	15.5厘米	17厘米	18.5厘米

毛线

2(2,3,3,3)团50克的Rowan Baby Merino Silk DK in Zinc 681毛线

材料

3.5毫米棒针1对
麻花针
防解别针4个
刺绣针

密度

在10厘米×10厘米范围内，用3.5毫米棒针织上下针（即我们通常所说的平针：从织片的正面看都是下针，背面看都是上针），织20针、28行

缩略语

C12B：将接着的 6 针滑到麻花针上，并将麻花针放在织片的后面，从左手棒针上将接着的 6 针织下针，然后从麻花针上织 6 针下针。

C12F：将接着的 6 针滑到麻花针上，并将麻花针放在织片的前面，从左手棒针上将接着的 6 针织下针，然后从麻花针上织 6 针下针。

同时参见第 140 页。

后片与前片（两者类似）

起 58(62,66,70,74) 针。

从下针行（正面）开始织，织 6(10,14,6,10) 行上下针。

下一行：织5(7,9,11,13)针下针，织C12F，织24针下针，织C12F，织5(7,9,11,13)针下针。

织 11 行上下针。

下一行：织23(25,27,29,31)针下针，织 C12B，织23(25,27,29,31)针下针。

织 9 行上下针。

下一行：织5(7,9,11,13)针下针，织C12F，织24针下针，织C12F，织5(7,9,11,13)针下针。

织 9 行上下针。

仅仅适用于尺码 13~18 和 19~24 个月的

下一行：织29(31)针下针，织C12B，织29(31)针下针。

织 11 行上下针。

下一行：织11(13)针下针，织 C12F，织24针下针，织C12F，织11(13)针下针。

织 11 行上下针。

适用于所有尺码

织插肩袖的袖窿

下一行：收2针（1针在右手棒针上），织20(22,24,26,28)针下针，织 C12B，织下针直到行末。

剩 56(60,64,68,72) 针。

下一行：收2针，织上针直到行末。

剩 54(58,62,66,70) 针。

下一行：织3针下针，织右2针并1针，织下针直到最后5针，织左下2针并1针，织3针下针。

剩 52(56,60,64,68) 针。

下一行：织上针。

简易麻花套头衫

将最后 2 行再重复织 9 次。剩 34(38,42,46,50) 针。

下一行：织 3 针下针，织右下 2 针并 1 针，织 6(8,10, 12,14) 针下针，织 C12B，织下针直到最后 5 针，织左下 2 针并 1 针，织 3 针下针。剩 32(36,40,44,48) 针。

下一行：织上针。

织 6(6,10,14,14) 行上下针。在每隔一行的每一端各减 1 针。剩 26(30,30,30,34) 针。

将所有针目留在 1 个防解别针上。

袖子（织 2 只）

起 28(30,30,34,34) 针。

从下针（正面）行开始织，织上下针。在每个第 8 行的每一端各加 1 针，直到达到了 36(40,40,46,46) 针，在上针（反面）行结束。

仅仅适用于尺码 10~12 和 19~24 个月的，再多织 4 行上下针。

织插肩袖的袖山

继续织上下针，在接下来 2 行的开始处收 2 针。剩 32(36,36,42,42) 针。

下一行：织 3 针下针，织右下 2 针并 1 针，织下针直到最后 5 针，织左下 2 针并 1 针，织 3 针下针。剩 30(34,34,40,40) 针。

下一行：织上针。

按照最后 2 行的花样继续织，直到剩 4(8,4,6,6) 针，在反面行结束。

将所有针目留在 1 个防解别针上。

缝合

松松地藏线头。

按照线团带子上的指示熨平织片。

领圈

将织片正面朝向编织者，将所有针目从防解别针上滑到棒针上，顺序如下：后片、袖子、前片、袖子。共 60(76,68,72,80) 针。

从下针行开始织，织 7 行上下针。

收针。

缝合插肩袖和领圈。缝合袖下和两肋。

简易麻花套头衫

钟式罗纹针套头衫

这是为你生命中最重要的小男人定制的一款经典套头衫。花样是扭转罗纹针。

尺寸

尺码（月龄）	4~6 个月	7~12 个月	13~18 个月	19~24 个月
成衣胸围尺寸	50 厘米	54 厘米	58 厘米	60 厘米
成衣袖缝尺寸	13 厘米	17.5 厘米	20 厘米	22 厘米

毛线

2(3,4,4) 团 50 克的 Debbie Bliss Baby Cashmerino in Mist 340057 毛线

材料

3 毫米和 4 毫米棒针各 1 对
麻花针
防解别针 3 个
刺绣针
直径 12 毫米的纽扣 8 颗
缝衣针和线

密度

在 10 厘米 ×10 厘米范围内，用 4 毫米棒针织钟式罗纹针花样，织 22 针、26 行

缩略语

参见第 140 页

钟式罗纹针花样

（织4针的倍数+2针）

第1行（反面）：织2针上针，【织2针下针，2针上针】重复织，直到行末。

第2行：织2针下针，【织2针上针，2针下针】重复织，直到行末。

第3行：同第1行。

第4行：同第2行。

第5行：同第1行。

第6行：织1针下针，*将下一个针目滑到麻花针上，并将麻花针放在织片的前面，织1针上针，将线放在织片后面，跳过（先不管）下一针，将再下一针套过这个跳针（非减针，而是交换位置，交换的方式是套到跳针的前面），并织下针，再从麻花针上织1针下针，然后将跳针织上针；从*开始重复编织，直到最后1针，织1针下针。

第7行：织2针下针，【织2针上针，2针下针】重复织，直到行末。

第8行：织2针上针，【织2针下针，2针上针】重复织，直到行末。

第9行：同第7行。

第10行：同第8行。

第11行：同第7行。

第12行：织1针下针，跳过下一针，将再下一针套过这个跳针，并织下针，然后将跳针织上针；【将下一针滑到麻花针上，并将麻花针放在织片的前面，织1针上针，将线放在织片后面，跳过下一针，将再下一针套过这个跳针，并织下针，再从麻花针上织1针下针，然后将跳针织上针】重复织，直到最后3针，将接着的那个针目滑到麻花针上，并将麻花针放在织片的前面，织1针上针，从麻花针上织1针下针，织1针下针。

钟式罗纹针套头衫

后片

用3毫米棒针，起58(62,66,70)针。

第1行（正面）：【织1针下针，1针上针】重复织，直到行末。

将第1行再重复织4次。

换成4毫米棒针。

织12行钟式罗纹针花样，织2(3,3,4)次。

仅仅适用于尺码13~18个月的，将花样再多织6行。

织插肩袖的袖窿

按照设定保持花样正确，在接着的2行的开头收2针。

剩54(58,62,66)针。

每隔一行的每一端各减1针，直到剩下24(28,32,36)针。

将所有针目留在1个防解别针上。

前片

用3毫米棒针，起58(62,66,70)针。

第1行（正面）：【织1针下针，1针上针】重复织，直到行末。

将第1行再重复织4次。

换成4毫米棒针。

织12行钟式罗纹针花样，织2(3,3,4)次。

仅仅适用于尺码13~18个月的，将花样再多织6行。

织插肩袖的袖窿

按照设定保持花样正确，在接着的2行的开头收4针。

剩50(54,58,62)针。

每隔一行的每一端各减1针，直到剩下20(24,28,32)针。

下一行（反面）：【织1针上针，1针下针】重复织，直到行末。

将最后1行再重复织3次。

收针。

袖子（织 2 只）

用 3 毫米棒针，起 34(34,38,38) 针。

第1行（正面）：【织1针下针，1针上针】重复织，直到行末。

将第 1 行再重复织 4 次。

换成 4 毫米棒针。

织 12 行钟式罗纹针花样，织 2(3,3,4) 次。然后将花样再多织 6(6,0,6) 行，同时，每个第 10 行的每一端各加 1 针。共 40(42,46,46) 针。

织插肩袖的袖山

按照设定保持花样正确，在接着的 2 行的开头收 2 针。

剩 36(38,42,42) 针。

每隔一行的每一端各减 1 针，直到剩下 6(8,12,12) 针。

将所有针目留在 1 个防解别针上。

将后片与 2 只袖子合并编织

将织片正面朝向编织者，将所有针目从防解别针上滑到 4 毫米棒针上，顺序如下：袖子、后片、袖子。共 36(44,56,60) 针。

下一行（正面）：【织1针下针，1针上针】重复织，直到行末。

将最后 1 行再重复织 3 次。

收针。

缝合

松松地藏线头。

按照线团带子上的指示熨平织片。

用3毫米棒针,将织片正面朝向编织者,沿着前片的一个插肩挑起33针。织1针下针、1针上针罗纹针,织4行,然后收针。沿着前片的第二个插肩重复织。

将两个插肩缝在后片上。缝合袖下和两胁。

沿着每只袖子插肩的开口边均匀放置并缝上4颗纽扣。不必织扣眼,因为使用的纽扣非常小,只需要将纽扣扣入前片插肩上的罗纹针内就可以了。

钟式罗纹针套头衫

小麻花套头衫

这款毛衣的四个织片最初是分开编织的,然后在腋窝处开始合并编织,这就避免了袖窿和身片上半部分的接缝。小麻花花样对于男生和女生都适合。

尺寸

尺码(月龄)　　1~3 个月
成衣胸围尺寸　　50 厘米
成衣袖缝尺寸　　12.5 厘米

毛线

2 团 50 克的 Debbie Bliss Baby Cashmerino in Slate 340009 毛线

材料

3 毫米和 4 毫米棒针各 1 对
长的 4 毫米环形针
麻花针
防解别针 4 个
刺绣针
4 毫米钩针
直径 12 毫米的纽扣 1 颗
缝衣针和线

密度

在 10 厘米 ×10 厘米范围内,用 4 毫米棒针织麻花花样,织 21 针、28 行

缩略语

C2B(╲╱)：将下一针滑到麻花针上，并将麻花针放在织片的后面，从左手棒针上将下一针织下针，然后从麻花针上织1针下针。

C2F(╲╱)：将下一针滑到麻花针上，并将麻花针放在织片的前面，从左手棒针上将下一针织下针，然后从麻花针上织1针下针。

C3B(╲╲╱)：将接着的2针滑到麻花针上，并将麻花针放在织片的后面，从左手棒针上将下一针织下针，然后从麻花针上织2针下针。

C3F(╲╱╱)：将下一针滑到麻花针上，并将麻花针放在织片的前面，从左手棒针上将接着的2针织下针，然后从麻花针上织1针下针。

C4B(╲╲╲╱)：将接着的3针滑到麻花针上，并将麻花针放在织片的后面，从左手棒针上将下一针织下针，然后从麻花针上织3针下针。

C4F(╲╱╱╱)：将下一针滑到麻花针上，并将麻花针放在织片的前面，从左手棒针上将接着的3针织下针，然后从麻花针上织1针下针。

同时参见第140页。

后片和前片（两者类似）

用3毫米棒针，起53针。

第1行：【织1针上针，1针下针】重复织，直到最后1针，织1针上针。

第2行：【织1针下针，1针上针】重复织，直到最后1针，织1针下针。

第3行：同第1行。

换成4毫米棒针，开始织麻花花样，具体如下：

第4行（正面）：织4针上针，【织9针下针，3针上针】重复织3次，织9针下针，4针上针。

第5行：织4针下针，【织9针上针，3针下针】重复织3次，织9针上针，4针下针。

第6行：织4针上针，【织C4B，织1针下针，织C4F，织3针上针】重复织3次，织C4B，织1针下针，织C4F，织4针上针。

第7行：同第5行。

将第4~7行再重复织8次。

将所有针目留在1个防解别针上。

袖子（织2只）

用3毫米棒针，起29针。

第1行（正面）：【织1针上针，1针下针】重复织，直到最后1针，织1针下针。

第2行：【织1针下针，1针上针】重复织，直到最后1针，织1针下针。

第3行：同第1行。

换成4毫米棒针，开始织麻花花样，具体如下：

第4行：织4针上针，9针下针，3针上针，9针下针，4针上针。

第5行：织4针下针，9针上针，3针下针，9针上针，4针下针。

第6行：织4针上针，织C4B，织1针下针，织C4F，织3针上针，织C4B，织1针下针，织C4F，织4针上针。

第7行：同第5行。

将第4~7行再重复织2次。

第16行：织2针上针，加1针，织2针上针，9针下针，3针上针，9针下针，2针上针，加1针，织2针上针。共31针。

第17行：织5针下针，9针上针，3针下针，9针上针，5针下针。

第18行：织5针上针，织C4B，织1针下针，织C4F，织3针上针，织C4B，织1针下针，织C4F，织5针上针。

第19行：同第17行。

第20行：织5针上针，9针下针，3针上针，9针下针，5针上针。

第21行：同第17行。

第22行：同第18行。

第23行：同第17行。

将第20~23行再重复织3次。

将所有针目留在1个防解别针上。

将所有织片合并编织

将织片正面朝向编织者。将所有针目从防解别针上滑到4毫米环形针上，顺序如下：袖子，后片，袖子，前片。共168针。

用长的环形针编织会更容易些，因为针数太多，且还要继续进行行编（片织）而非圈编。

第1、2行：按照设定，所有的针目织麻花花样（这些应当是麻花花样编织的第1、2行）。

第3行（正面）：织1针上针，织左上2针并1针，织1针上针，【织C4B，织1针下针，织C4F，织3针上针】重复织4次，织左上2针并1针，织4针上针，【织C4B，织1针下针，织C4F，织3针上针】重复织2次，织左上2针并1针，织4针上针，【织C4B，织1针下针，织C4F，织3针上针】重复织4次，织左上2针并1针，织4针上针，织C4B，织1针下针，织C4F，织3针上针，织C4B，织1针下针，织C4F，织1针上针，织左上2针并1针，织2针上针。剩163针。

第4行和所有的反面行：将上一行的所有上针都织成下

小麻花套头衫

针，将上一行的所有下针都织成上针。

第5行：织3针上针，【织9针下针，3针上针】重复织4次，织左上2针并1针，织3针上针，【织9针下针，3针上针】重复织2次，织左上2针并1针，织3针上针，【织9针下针，3针上针】重复织4次，织左上2针并1针，织3针上针，9针下针，3针上针，9针下针，1针上针，织左上2针并1针，织1针上针。剩159针。

第7行：织3针上针，【织C4B，织1针下针，织C4F，织3针上针】重复织3次，织C4B，织1针下针，织C4F，织2针上针，织左上3针并1针，织2针上针，织C4B，织1针下针，织C4F，织3针上针，织C4B，织1针下针，织C4F，织2针上针，织左上3针并1针，织2针上针，【织C4B，织1针下针，织C4F，织3针上针】重复织3次，织C4B，织1针下针，织C4F，织2针上针，织左上3针并1针，织2针上针，【织C4B，织1针下针，织C4F，织3针上针】重复织2次。剩153针。

第9行：按照设定织麻花花样，在每只袖子与身片之间各减1针。另外，在行的每一端各减1针。剩148针。

第11行：同第9行。剩143针。

现在，在袖子与身片之间分别应当有3针上针。另外，在行的每一端应当分别有1针上针。

第13行：织1针上针，【织9针下针，1针上针，织左上2针并1针】重复织11次，织9针下针，1针上针。剩132针。

第15行：按照设定织麻花花样。

第17行：织麻花花样，在每个麻花处各减2针，具体如下：织2针下针，织右下2针并1针，织1针下针，织左下2针并1针，织2针下针。剩108针。

第19行：织麻花花样，现在，每个麻花织7针，具体如下：织C3B，织1针下针，织C3F。

第21行：按照设定织麻花花样。

第23行：按照设定织麻花花样。在每2个麻花之间各减1针。剩97针。

第25行：织麻花花样，在每个麻花处各减2针。具体如下：织1针下针，织右下2针并1针，织1针下针，织左下2针并1针，织1针下针。剩73针。

第27行：织麻花花样，现在，每个麻花织5针，具体如下：织C2B，织1针下针，织C2F。

第28行：同第4行。

换成3毫米棒针。

第29行：【织1针上针，1针下针】重复织2次，织1针上针，【织右下3针并1针，织1针上针，1针下针，1针上针】重复织3次，【织1针下针，1针上针】重复织9次，【织右下3针并1针，织1针上针，1针下针，1针上针】重复织5次，织1针下针，1针上针。剩57针。

第30行：【织1针下针，1针上针】重复织，直到最后1针，织1针下针。

收针。

缝合

松松地藏线头。

按照线团带子上的指示熨平织片。

缝合袖下和两胁。缝合前片左肩缝，缝到从腋窝向上大概7厘米处，上部留着不缝合作为开口。

沿着肩膀的开口两边钩织简单的饰边（例如长针），在前片开口饰边的上部钩织1个小链环作为扣眼。在相对应的饰边缝上一颗与之相配的纽扣。

小麻花套头衫

小树套头衫

这款毛衣正面以一棵小树为主题特写图案，不论对男孩还是女孩，都是可爱的选择。

尺寸

尺码（月龄）	4~6 个月	7~9 个月	10~12 个月
成衣胸围尺寸	49 厘米	53 厘米	57.5 厘米
成衣袖缝尺寸	13.5 厘米	16.5 厘米	18 厘米

毛线

3(3,4) 团 50 克 的 Debbie Bliss Bella in Camel 16005 毛线

材料

3.5 毫米棒针 1 对

麻花针

防解别针 4 个

刺绣针

3.5 毫米钩针

直径 12 毫米的纽扣 3 颗

缝衣针和线

密度

在 10 厘米 ×10 厘米范围内，用 3.5 毫米棒针织反上下针（即平针的反面：从织片的正面看都是上针，背面看都是下针），织 18 针、26 行

缩略语

C2B（ ╳ ）：将下一针滑到麻花针上，并将麻花针放在织片的后面，从左手棒针上将下一针织下针，然后从麻花针上织1针上针。

C2F（ ╳ ）：将下一针滑到麻花针上，并将麻花针放在织片的前面，从左手棒针上将下一针织上针，然后从麻花针上织1针下针。

C4B：将接着的2针滑到麻花针上，并将麻花针放在织片的后面，从左手棒针上将接着的2针织下针，然后从麻花针上织2针下针。

C4F：将接着的2针滑到麻花针上，并将麻花针放在织片的前面，从左手棒针上将接着的2针织上针，然后从麻花针上织2针下针。

C2Btog：将下一针滑到麻花针上，并将麻花针放在织片的后面，从左手棒针上将下一针织下针，然后将麻花针上的针目滑回到左手棒针上，将接着的2针并针织下针。

C2Ftog：将线放在织片后面，将下一针滑到麻花针上，并将麻花针放在织片的前面，从左手棒针上将接着的2针并针织下针，然后从麻花针上织1针下针。

泡泡针：下一针织出（1针下针，1针上针，1针下针，1针上针），即1针变4针，翻面，织4针上针，翻面，织4针下针，将第2、3、4针套过右手棒针上的最后一针。

同时参见第140页。

后片

起44(48,52)针。

第1~8行：织下针。

从上针（正面）行开始织，织28(32,36)行反上下针。

织插肩袖的袖窿

继续织反上下针，在接下来2行的开始处各收1针。

剩42(46,50)针。

在下一行的每一端和每隔一行的每一端各减1针，直到剩下22(24,26)针。

将所有针目留在1个防解别针上。

前片

起44(48,52)针。

第1~8行：织下针。

第9行（正面）：织19(21,23)针上针，6针下针，19(21,23)针上针。

第10行：织19(21,23)针下针，6针上针，19(21,23)针下针。

将第9、10行再重复织5(7,9)次。

第21(25,29)行：织19(21,23)针上针，1针下针，加1针，织4针下针，加1针，织1针下针，19(21,23)针上针。共46(50,54)针。

第22(26,30)行和所有的反面行：将上一行的所有上针都织成下针，将上一行的所有下针都织成上针，将上一行的所有加针都织成下针。

第23(27,31)行：织19(21,23)针上针，1针下针，加1针，织6针下针，加1针，织1针下针，19(21,23)针上针。共48(52,56)针。

第25(29,33)行：织17(19,21)针上针，织C4B，织6针下针，织C4F，织17(19,21)针上针。

第27(31,35)行：织15(17,19)针上针，织C4B，织2针上针，1针下针，加1针，织4针下针，加1针，织1

小树套头衫

针下针，2针上针，织C4F，织15(17,19)针上针。共50(54,58)针。

第29(33,37)行：织13(15,17)针上针，织C4B，织4针上针，1针下针，加1针，织6针下针，加1针，织1针下针，4针上针，织C4F，织13(15,17)针上针。共52(56,60)针。

第31(35,39)行：织11(13,15)针上针，织C4B，织4针上针，织C4B，织6针下针，织C4F，织4针上针，织C4F，织11(13,15)针上针。

第33(37,41)行：织11(13,15)针上针，2针下针，4针上针，织C4B，织2针上针，6针下针，2针上针，织C4F，织4针上针，2针下针，11(13,15)针上针。

第35(39,43)行：织10(12,14)针上针，织C2Btog，织2针上针，织C4B，织4针上针，6针下针，4针上针，织C4F，织2针上针，织C2Ftog，织10(12,14)针上针。剩50(54,58)针。

织插肩袖的袖窿

第37(41,45)行：收1针，织8(10,12)针上针，包括用于收针的针目，织C2B，织泡泡针，织2针上针，2针下针，4针上针，织C4B，织2针下针，织C4F，织4针上针，2针下针，2针上针，织泡泡针，织C2F，织9(11,13)针上针。剩49(53,57)针。

第38(42,46)行：收1针，然后按照设定织反面行。剩48(52,56)针。

第39(43,47)行：织7(9,11)针上针，织C2B，织3针上针，织C2Btog，织2针上针，织C4B，织2针上针，2针下针，2针上针，织C4F，织2针上针，织C2Ftog，织3针上针，织C2F，织7(9,11)针上针。剩46(50,54)针。

第40(44,48)行和所有的反面行：按照设定编织，在这一行和接下来的所有反面行的每一端各减1针。

第41(45,49)行：织6(8,10)针上针，织泡泡针，织3针上针，织C2B，织泡泡针，织2针上针，2针下针，4针上针，2针下针，4针上针，2针下针，2针上针，织泡泡针，织C2F，织3针上针，织泡泡针，织6(8,10)针上针。

第43(47,51)行：织8(10,12)针上针，织C2B，织3针上针，织C2Btog，织4针上针，2针下针，4针上针，织C2Ftog，织3针上针，织C2F，织8(10,12)针上针。剩40(44,48)针。

第45(49,53)行：织7(9,11)针上针，织泡泡针，织3针

上针，织C2B，织泡泡针，织3针上针，织C2B，织C2F，织3针上针，织泡泡针，织C2F，织3针上针，织泡泡针，织7(9,11)针上针。剩38(42,46)针。

第47(51,55)行：织9(11,13)针上针，织C2B，织4针上针，织C2B，织2针上针，织C2F，织4针上针，织C2F，织9(11,13)针上针。剩36(40,44)针。

第49(53,57)行：织8(10,12)针上针，织泡泡针，织4针上针，织C2B，织4针上针，织C2F，织4针上针，织泡泡针，织8(10,12)针上针。剩34(38,42)针。

第51(55,59)行：织12(14,16)针上针，织泡泡针，织6针上针，织泡泡针，织12(14,16)针上针。剩32(36,40)针。

第53(57,61)行：织上针。

第55(59,63)行：织上针，在每一行的每一端各减1针。剩26(30,34)针。

按照设定织2(4,6)行花样，在每隔一行的每一端各减1针。剩24(26,28)针。

将所有针目留在1个防解别针上。

袖子（织2只）

起24(28,30)针。

第1~8行：织下针。

从上针（正面）行开始织，织反上下针，在每个第6行的每一端各加1针，直到达到34(40,44)针。

织插肩袖的袖山

在接下来2行的开始处各收1针。剩32(38,42)针。

在下一行的每一端和每隔一行的每一端各减1针，直到剩下12(16,18)针。

将所有针目留在1个防解别针上。

缝合

松松地藏线头。

按照线团带子上的指示熨平织片。

领圈

将织片正面朝向编织者，将所有针目从防解别针上滑到棒针上，顺序如下：袖子、后片、袖子、前片。共70(82,90)针。

下一行（正面）：【织2针下针，织左下2针并1针】重复织3次，织0(2,4)针下针，【织左下2针并1针，织2针下针】重复织3次，织2针下针，织左下2针并1针，织4(8,10)针下针，织左下2针并1针，织2针下针，【织2针下针，织左下2针并1针】重复织2次，织6(8,10)针下针，【织左下2针并1针，织2针下针】重复织2次，织2针下针，织左下2针并1针，织4(8,10)针下针，织左下2针并1针，织2针下针。剩56(68,76)针。

织5行下针。

收针。

缝合插肩袖，但要留着前片左面的插肩袖不缝合，使从衣领到腋窝上面几厘米的地方开着口。

缝合袖下和两肋。

沿着插肩袖的开口两边钩织简单的饰边（例如长针），在前片开口的饰边上钩织3个间隔均匀的小链环作为扣眼。在相对应的饰边上缝3颗与之相配的纽扣。

小树套头衫

麻花和雏菊针法套头衫

由于毛线本身的质地，使得这款毛衣的针迹看起来非常清晰。根据喜好，你可以将纽扣钉在前片或者后片。

尺寸

尺码（月龄）	7~12 个月	13~18 个月	19~24 个月
成衣胸围尺寸	50 厘米	58 厘米	66 厘米
成衣袖缝尺寸	16 厘米	18 厘米	20 厘米

毛线

5(5,6) 团 50 克 的 Debbie Bliss Eco Aran in Rice Cake 32631 毛线

材料

3 毫米、4 毫米 和 5 毫米棒针各 1 对
麻花针
刺绣针
5 毫米钩针
直径 15 毫米的纽扣 2 颗
缝衣针和线

密度

在 10 厘米 ×10 厘米范围内，用 4 毫米棒针织中间的麻花花样，织 18 针、22 行

缩略语

C3B(><)：将接着的 2 针滑到麻花针上，并将麻花针放在织片的后面，从左手棒针上将下一针织下针，然后从麻花针上织 2 针下针。

C3F(><)：将下一针滑到麻花针上，并将麻花针放在织片的前面，从左手棒针上将接着的 2 针织下针，然后从麻花针上织 1 针下针。

打结：织左上 3 针并 1 针，将针目留在棒针上，织空针，然后再次以上针方式将同样的针目并成 1 针。

同时参见第 140 页。

后片和前片（两者类似）

用 3 毫米棒针，起 47(55,63) 针。

第1行（正面）：【织1针下针，1针上针】重复织，直到最后1针，织1针下针。

第2行：【织1针上针，1针下针】重复织，直到最后1针，织1针上针。

换成 4 毫米棒针。

第3行：织12(12,16)针下针，【织C3B，织1针下针，织C3F，织1针上针】重复织2(3,3)次，织C3B，织1针下针，织C3F，织12(12,16)针下针。

第4行：【织1针下针，打结】重复织3(3,4)次，【织7针上针，1针下针】重复织2(3,3)次，织7针上针，【织1针下针，打结】重复织3(3,4)次。

第5行：同第3行。

第6行：织1针下针，1针上针，【织1针下针，打结】

重复织2(2,3)次,织1针下针,8针上针,【织1针下针,7针上针】重复织2(3,3)次,织1针下针,1针上针,【织1针下针,打结】重复织2(2,3)次,织1针下针,1针上针。

第3~6行构成了中间的麻花嵌花,雏菊(打结)针目在两侧。

重复织第3~6行,直到从起针边开始的织片尺寸达到16(18,20)厘米,以第6行的织法结束。

织插肩袖的袖窿

下一行:收2针,织21(25,29)针花样,包括用于收针的针目,加1针,织花样到行末。共46(54,62)针。

下一行:收2针,按照设定(第4行),将所有针目织雏菊花样,直到行末。剩44(52,60)针。

按照设定继续织雏菊花样,在下一行的每一端以及接下来10行的每隔一行(正面)的每一端各减1针。剩34(42,50)针。

收针。

袖子(织2只)

用3毫米棒针,起31(31,31)针。

第1行(正面):【织1针下针,1针上针】重复织,直到最后1针,织1针下针。

第2行:【织1针上针,1针下针】重复织,直到最后1针,织1针上针。

换成4毫米棒针。

第3行:织8针下针,织C3B,织1针下针,织C3F,织1针上针,织C3B,织1针下针,织C3F,织8针下针。

第4行:【织1针下针,打结】重复织2次,织7针上针,1针下针,7针上针,【织1针下针,打结】重复织2次。

第5行:织8针下针,织C3B,织1针下针,织C3F,织1针上针,织C3B,织1针下针,织C3F,织8针下针。

第6行:织1针下针,1针上针,1针下针,打结,织1针下针,8针上针,1针下针,9针上针,1针下针,打结,织1针下针,1针上针。

第3~6行构成了中间的麻花嵌花,雏菊(打结)针目在几个侧边。

在下一行的每一端和接下来的每个第10行的每一端的雏菊花样中各加1针,直到达到37(39,39)针。

继续织,直到织片的尺寸达到16(18,20)厘米,以第6行的织法结束。

织插肩袖的袖山

下一行(正面):收2针,织16(17,17)针花样,包括用于收针的针目,加1针,织花样到行末。共36(38,38)针。

下一行:收2针,按照设定(第4行),将所有针目织雏菊花样,直到行末。共34(36,36)针。

按照设定继续织雏菊花样,在下一行的每一端以及接下来10行的每隔一行(正面)的每一端各减1针。剩24(26,26)针。

收针。

麻花和雏菊针法套头衫

领圈

沿着插肩袖的袖缝缝合所有织片。

用 5 毫米棒针,起 15 针。

第1行:织上针。

第2行(正面):织C3B,织1针下针,织C3F,织1针上针,织C3B,织1针下针,织C3F。

第3行:织7针上针,1针下针,7针上针。

第4行:织C3B,织1针下针,织C3F,织1针上针,织C3B,织1针下针,织C3F。

第5行:织7针上针,1针下针,翻面。

第6行:织1针上针,织C3B,织1针下针,织C3F(在织第1针上针时,将它与上一行的线圈一起织上针,这样就不会在针目之间留下空隙了)。

第7行:织7针上针,1针下针,7针上针。

重复织第 2~7 行,直到织完领圈最长的边。

在反面收针。

缝合

松松地藏线头。

按照线团带子上的指示熨平织片。

在领口适当位置缝合固定领圈,开始和结束的地方都在前片左边的插肩袖袖缝处。

缝合袖下和两胁。

沿着领圈的两端钩织简单的饰边(例如长针),在前片开口的饰边上钩织 2 个小链环作为扣眼。在相对应的饰边上缝上与之相配的纽扣。

麻花和雏菊针法套头衫

一字领口麻花套头衫

颜色漂亮的毛线、几个麻花花样,对于织一件可爱的毛衣有很大帮助。前片和后片不要求太多花样,使得这款毛衣很容易编织。

尺寸

尺码(月龄)	7~9 个月	10~12 个月	13~18 个月	19~24 个月
成衣胸围尺寸	50 厘米	56 厘米	62 厘米	68 厘米
成衣袖缝尺寸	13 厘米	13 厘米	16 厘米	18.5 厘米

毛线

3(3,4,4) 团 50 克的 Debbie Bliss Baby Cashmerino in Duck Egg 340026 毛线

材料

3 毫米和 3.5 毫米棒针各 1 对
麻花针
刺绣针

密度

在 10 厘米 × 10 厘米范围内,用 3.5 毫米棒针织上下针,织 20 针、30 行

缩略语

C6B( ): 将接着的3针滑到麻花针上，并将麻花针放在织片的后面，从左手棒针上将接着的3针织下针，然后从麻花针上织3针下针。

C6F( ): 将接着的3针滑到麻花针上，并将麻花针放在织片的前面，从左手棒针上将接着的3针织下针，然后从麻花针上织3针下针。

C8B( ): 将接着的4针滑到麻花针上，并将麻花针放在织片的后面，从左手棒针上将接着的4针织下针，然后从麻花针上织4针下针。

C8F( ): 将接着的4针滑到麻花针上，并将麻花针放在织片的前面，从左手棒针上将接着的4针织下针，然后从麻花针上织4针下针。

同时参见第140页。

后片和前片（两者类似）

用3毫米棒针，起68(74,80,86)针。

第1行（正面）：【织2针下针，1针上针】重复织，直到最后2针，织2针下针。

第2行：【织2针上针，1针下针】重复织，直到最后2针，织2针上针。

将第1、2行再重复织4次。

换成3.5毫米棒针。

第11行：织3(4,5,6)针上针，13针下针，1(2,3,4)针上针，8针下针，1(2,3,4)针上针，16针下针，1(2,3,4)针上针，8针下针，1(2,3,4)针上针，13针下针，3(4,5,6)针上针。

第12行和所有的反面行：将上一行的所有下针织成上针，将上一行的所有上针织成下针。

第13行：织3(4,5,6)针上针，织C6B，织1针下针，

一字领口麻花套头衫

织C6F，织1(2,3,4)针上针，织C8B，织1(2,3,4)针上针，织C8B，织C8F，织1(2,3,4)针上针，织C8F，织1(2,3,4)针上针，织C6B，织1针下针，织C6F，织3(4,5,6)针上针。

第15行：同第11行。

第17行：同第11行。

第19行：织3(4,5,6)针上针，织C6B，织1针下针，织C6F，织1(2,3,4)针上针，织C8B，织1(2,3,4)针上针，织C8F，织C8B，织1(2,3,4)针上针，织C8F，织1(2,3,4)针上针，织C6B，织1针下针，织C6F，织3(4,5,6)针上针。

第21行：同第11行。

第23行：同第11行。

将第11~23行重复织，直到从起针边开始的织片尺寸达到14(16,18,20)厘米。

织袖窿

按照设定继续织正确的花样，在接下来2行的开始处各收2针。剩64(70,76,82)针。

按照设定继续织花样，再织6(7,8,9)厘米，在一个反面行结束编织。

换成3毫米棒针。

下一行（正面）：织1针下针，织左下2针并1针，【织1针上针，2针下针】重复织，直到最后4针，织1针上针，织左下2针并1针，织1针下针。剩62(68,74,80)针。

下一行：【织2针上针，1针下针】重复织，直到最后2针，织2针上针。

下一行：【织2针下针，1针上针】重复织，直到最后2针，织2针下针。

最后2行再重复织3次。

收针。

袖子（织2只）

用3毫米棒针，起29(29,32,35)针。

第1行（正面）：【织2针下针，1针上针】重复织，直到最后2针，织2针下针。

第2行：【织2针上针，1针下针】重复织，直到最后2针，织2针上针。

将第1、2行再重复织3次，在最后一行的每一端各加1针。共31(31,34,37)针。

换成3.5毫米棒针。

从1个下针行开始，织上下针，在每个第8行的每一端各加1针，直到达到39(39,44,49)针。

织袖山

按照设定继续织正确的花样，在接下来2行的开始处各收2针。剩35(35,40,45)针。

在下一行的每一端以及接下来6行的每隔一行的每一端各减1针。剩29(29,34,39)针。

在下一行的每一端以及接下来每一行的每一端各减1针，直到剩下11(11,12,15)针。

收针。

缝合

松松地藏线头。

按照线团带子上的指示熨平织片。

将肩缝缝合4~5厘米，要确保领口足够大，可以让头部顺利钻过。

将袖子缝合在袖窿上。缝合袖下和两胁，但要在身片底边留下罗纹针部分的开口，形成侧边开衩。

一字领口麻花套头衫

滑针套头衫

这款毛衣的结构不像看起来那么复杂。重复的"纹路"带来大方又可爱的效果。

尺寸

尺码（月龄）	4~6个月	7~9个月	10~12个月	13~18个月	19~24个月
成衣胸围尺寸	46厘米	49厘米	54厘米	57厘米	60厘米
成衣袖缝尺寸	15厘米	15厘米	15厘米	19厘米	23厘米

毛线

3(3,3,3,4)团50克的 Debbie Bliss Baby Cashmerino in Taupe 340049 毛线

材料

3毫米和4毫米棒针各1对
长的4毫米环形针
麻花针
防解别针4个
刺绣针
直径12毫米的纽扣4颗
缝衣针和线

密度

在10厘米×10厘米范围内，用4毫米棒针织花样，织22针、28行

缩略语

参见第140页

滑针花样

（织的针数应为3针的倍数）

第1行（正面）：织下针。

第2行：织上针。

第3行：织2针下针，【将线放在织片后面，滑1针，织2针下针】重复织，直到最后1针，织1针下针。

第4行：织3针上针，【将线放在织片前面，滑1针，织2针上针】重复织，直到行末。

第5行：织2针下针，【将放掉的针目滑到麻花针上，并将麻花针放在织片的前面，织2针下针，将麻花针上的针目织下针】重复织，直到最后1针，织1针下针。

第6行：织上针。

第7行：织2针下针，【空针，织左下2针并1针，织1针下针】重复织，直到最后1针，织1针下针。

第8行：织上针。

第9行：织4针下针，【将线放在织片后面，滑1针，织2针下针】重复织，直到最后2针，将线放在织片后面，滑1针，织1针下针。

第10行：织1针上针，【将线放在织片前面，滑1针，织2针上针】重复织，直到最后2针，织2针上针。

第11行：织2针下针，【将2针滑到麻花针上，并将麻花针放在织片的后面，将滑针织1针下针，从麻花针上织2针下针】重复织，直到最后1针，织1针下针。

第12行：织上针。

后片和前片（两者类似）

用3毫米棒针，起51(54,60,63,66)针。

第1行（正面）：【织1针下针，1针上针】重复织，直到最后1(0,0,1,0)针，织1(0,0,1,0)针下针。

第2行：织1(0,0,1,0)针上针，【织1针下针，1针上针】重复织，直到行末。

将第1、2行再重复织1次。

换成4毫米棒针。

第5行：织下针。

第6行：织上针。

将12行滑针花样织3(3,3,4,4)次。

将所有针目留在1个防解别针上。

袖子（织2只）

用3毫米棒针，起30(30,33,33,36)针。

第1行（正面）：【织1针下针，1针上针】重复织，直到最后0(0,1,1,0)针，织0(0,1,1,0)针下针。

第2行：织0(0,1,1,0)针上针，【织1针下针，1针上针】重复织，直到行末。

将第1、2行再重复织1次。

换成4毫米棒针。

第5行：织下针。

第6行：织上针。

将12行滑针花样织3(3,3,4,5)次，与此同时，在重复的每个花样的第一行的每一端各加1针；同时，仅仅适用于尺码13~18个月的毛衣，在重复的最后一个花样的最后一行加1针；仅仅适用于尺码19~24个月的毛衣，在重复的最后一个花样的最后一行的每一端各加1针。

从起针边开始量，织片的尺寸大概是15(15,15,19,23)厘米。共36(36,39,42,48)针。

将所有针目留在1个防解别针上。

滑针套头衫

将所有织片合并编织

为了在胸前部位留下开口，现在将前片分为两个部分。将织片正面朝向编织者，从防解别针上将所有针目滑到4毫米环形针上，顺序如下：左前片的25(26,29,31,32)针，袖子，后片，袖子，右前片剩下的26(28,31,32,34)针。共174(180,198,210,228)针。用长的环形针编织会更容易些，因为针数太多，且还要继续进行行编（片织）而非圈编。

现在，编织始点应当是右前片，将织片正面朝向编织者。在前片和后片的每一侧各减2针，并且在2只袖子的每一侧各减1针，具体如下：

第1行（正面）：织22(24,27,28,30)针下针，织左下3针并1针，织2针下针，织右下2针并1针，织30(30,33,36,42)针下针，织左下2针并1针，织2针下针，织右下3针并1针，织43(46,52,55,58)针下针，织左下3针并1针，织2针下针，织右下2针并1针，织30(30,33,36,42)针下针，织左下2针并1针，织2针下针，织右下3针并1针，织21(22,25,27,28)针下针，起4针。剩166(172,190,202,220)针。

第2行：织上针，在行末加1针。共167(173,191,203,221)针。

第3行：织1针下针作为边针，织滑针花样（从第3行开始织），直到最后4针，【织1针上针，1针下针】重复织2次。

继续重复织一个完整的花样（12行），保持边针为上下针，并且保持前片底边正确的罗纹针花样。

下一行：织4(7,4,4,7)针下针，【织右下3针并1针，织9针下针】重复织13(13,15,16,17)次，织3(6,3,3,6)

针下针，【织1针上针，1针下针】重复织2次。剩141(147,161,171,187)针。

下一行：织上针。

仅仅在正面行的开始处织边针 2(2,1,2,0) 针，织滑针花样（从第3行开始织），直到最后4针，【织1针上针，1针下针】重复织2次。继续重复织一个完整的花样。

下一行：织3(2,3,2,9)针下针，【织右下3针并1针，织3针下针】重复织22(23,25,27,28)次，织2(1,2,1,4)针下针，【织左下2针并1针】重复织0(1,1,1,1)次，【织1针上针，1针下针】重复织2次。剩97(100,110,116,130)针。

下一行：织上针。

仅仅在正面行的开始处织边针 0(0,1,1,0) 针，织滑针花样（从第3行开始织），直到最后4针，【织1针上针，1针下针】重复织2次。继续重复织一个完整的花样。

仅仅适用于尺码 4~6 个月的

下一行：织4针下针，织右下2针并1针，【织2针下针，织右下2针并1针】重复织21次，织3针下针，【织1针上针，1针下针】重复织2次。剩75针。

下一行：【织1针上针，1针下针】重复织2次，织上针直到行末。

下一行：织3针下针，织右下2针并1针，【织3针下针，织右下2针并1针】重复织13次，织1针下针，【织1针上针，1针下针】重复织2次。剩61针。

仅仅适用于尺码 7~9 个月的

下一行：织2针下针，织右下2针并1针，【织3针下针，织右下2针并1针】重复织18次，织2针下针，【织1针上针，1针下针】重复织2次。剩81针。

下一行：【织1针上针，1针下针】重复织2次，织上针直到行末。

下一行：织1针下针，织右下2针并1针，【织2针下针，织右下2针并1针】重复织18次，织右下2针1针，【织1针上针，1针下针】重复织2次。剩61针。

仅仅适用于尺码 10~12 个月的

下一行：织2针下针，织右下2针并1针，【织3针下针，织右下2针并1针】重复织20次，织2针下针，【织1针上针，1针下针】重复织2次。剩89针。

下一行：【织1针上针，1针下针】重复织2次，织上针直到行末。

下一行：织1针下针，织右下2针并1针，【织2针下针，织右下2针并1针】重复织20次，织右下2针并1针，【织1针上针，1针下针】重复织2次。剩67针。

仅仅适用于尺码 13~18 个月的

下一行：织7针下针，【织3针下针，织右下3针并1针】重复织17次，织3针下针，【织1针上针，1针下针】重复织2次。剩82针。

下一行：【织1针上针，1针下针】重复织2次，织上针直到行末。

下一行：织1针下针，织右下3针并1针，【织2针下针，织右下2针并1针】重复织18次，织右下2针并1针，【织1针上针，1针下针】重复织2次。剩61针。

仅仅适用于尺码 19~24 个月的

下一行：织6针下针，织右下3针并1针，【织3针下针，织右下3针并1针】重复织19次，织3针下针，【织1针上针，1针下针】重复织2次。剩90针。

下一行：【织1针上针，1针下针】重复织2次，织上

滑针套头衫

针直到行末。

下一行：织5针下针，织右下3针并1针，【织5针下针，织右下3针并1针】重复织9次，织4针下针，织右下2针并1针，【织1针上针，1针下针】重复织2次。剩69针。

适用于所有尺码

换成 3 毫米棒针。

下一行：织上针。

下一行：【织1针下针，1针上针】重复织，直到最后1针，织1针下针。

下一行：【织1针上针，1针下针】重复织，直到最后1针，织1针上针。

将最后 2 行再重复织 1 次。

收针。

缝合

松松地藏线头。

按照线团带子上的指示熨平织片。

将右前片门襟边后面的左前片门襟边作为纽扣边，其起针的地方（参见第49页"将所有织片合并编织"第 2 行，"在行末加 1 针"就是起针的地方）要和右前片缝合在一起。

缝合袖下和两肋。

在纽扣边的上面缝 4 颗纽扣，其中 1 颗在领圈，其他 3 颗分别缝在 3 个重复的花样上，这样，花样中的"空针"就可以作为扣眼使用了。不需要在领圈上织扣眼，因为使用的纽扣相当小，只要将纽扣扣入罗纹针中就可以了。

毛开衫和夹克衫

蕾丝毛开衫

这是一款用简单的蕾丝花样和一行高一行低的伸缩织法编织的毛开衫,适合男孩和女孩穿着。所有分开编织的织片在腋窝上方开始织蕾丝花样的时候开始合并编织,再逐渐减针。这样就避免了衣身上部的蕾丝花样会有接缝。

尺寸

尺码(月龄)	4~6个月	7~9个月	10~12个月	13~18个月	19~24个月
成衣胸围尺寸	43厘米	49厘米	55厘米	61厘米	67厘米
成衣袖缝尺寸	12厘米	12厘米	16厘米	17厘米	20厘米

毛线

2(2,2,3,4)团50克的 Rowan Baby Merino Silk DK in Rose 678 或 Teal 677 毛线

材料

3毫米和3.5毫米棒针各1对
长的3.5毫米环形针(备选)
防解别针5个
刺绣针
直径12毫米的纽扣4颗或5颗
缝衣针和线

密度

在10厘米×10厘米范围内,用3.5毫米棒针织上下针,织20针、28行

缩略语

参见第140页

后片

用3毫米棒针，起43(49,55,61,67)针。

第1行（正面）：【织1针下针，1针上针】重复织，直到最后1针，织1针下针。

第2行：【织1针上针，1针下针】重复织，直到最后1针，织1针上针。

将第1、2行再重复织1次。

换成3.5毫米棒针。

从1个下针行开始，织上下针，共织8(12,16,20,24)行。

下一行：织6针下针，【织1针上针，5针下针】重复织，直到最后1针，织1针下针。

下一行：织1针下针，【织5针上针，1针下针】重复织，直到行末。

下一行：织1针下针，【空针，织右下2针并1针，织1针上针，织左下2针并1针，空针，织1针下针】重复织，直到行末。

下一行：织1针下针，2针上针，【织1针下针，5针上针】重复织，直到最后4针，织1针下针，2针上针，1针下针。

下一行：织3针下针，【织1针上针，5针下针】重复织，直到最后4针，织1针上针，3针下针。

下一行：织1针下针，2针上针，【织1针下针，5针上针】重复织，直到最后4针，织1针下针，2针上针，1针下针。

下一行：织1针下针，【织左下2针并1针，空针，织1针下针，空针，织右下2针并1针，织1针上针】重复织，直到最后6针，织左下2针并1针，空针，织1针下针，空针，织右下2针并1针，织1针下针。

下一行：织1针下针，【织5针上针，1针下针】重复织，直到行末。

将最后 8 行再重复织 1 次。

织 4 行上下针。

织袖窿

下一行：收 2(1,1,1,2) 针。织下针直到行末。剩 41(48,54,60,65) 针。

下一行：收 2(1,1,1,2) 针。织上针直到行末。剩 39(47,53,59,63) 针。

继续织上下针，在下一行的每一端以及接下来 6 行的每隔一行的每一端各减 1 针。剩 33(41,47,53,57) 针。

仅仅适用于尺码 13~18 和 19~24 个月的，再织 2 行上下针，没有花样。

将所有针目都留在 1 个防解别针上。

左前片

注意：尺码 4~6、10~12 和 19~24 个月的，前襟有 6 针罗纹针花样。

尺码 7~9 和 13~18 个月的，前襟有 4 针罗纹针花样。

用 3 毫米棒针，起 25(29,31,35,37) 针。

第1行（正面）：【织1针下针，1针上针】重复织，直到最后1针，织1针下针。

第2行：【织1针上针，1针下针】重复织，直到最后1针，织1针上针。

蕾丝毛开衫

将第 1、2 行再重复织 1 次。

换成 3.5 毫米棒针。

第5行：织下针直到最后6(4,6,4,6)针，【织1针上针，1针下针】重复织3(2,3,2,3)次。

第6行：【织1针上针，1针下针】重复织3(2,3,2,3)次，织上针直到行末。

从 1 个下针行开始，织上针，同时，保持中间的罗纹针花样不变，织 6(10,14,18,22) 行。

下一行：织6针下针，【织1针上针，5针下针】重复织，直到最后6(4,6,4,6)针，【织1针上针，1针下针】重复织，直到行末。

下一行：【织1针上针，1针下针】重复织3(2,3,2,3)次，织1针下针，【织5针上针，1针下针】重复织，直到行末。

下一行：织1针下针，【空针，织右下2针并1针，织1针上针，左下2针并1针，空针，织1针下针】重复织，直到最后6(4,6,4,6)针，【织1针上针，1针下针】重复织，直到行末。

下一行：【织1针上针，1针下针】重复织3(2,3,2,3)次，织1针下针，2针上针，【织1针下针，5针上针】重复织，直到最后4针，织1针下针，2针上针，1针下针。

下一行：织3针下针，【织1针上针，5针下针】重复织，直到最后10(8,10,8,10)针，织1针上针，3针下针，【织1针上针，1针下针】重复织3(2,3,2,3)次。

下一行：【织1针上针，1针下针】重复织3(2,3,2,3)次，织1针下针，2针上针，【织1针下针，5针上针】重复织，直到最后4针，织1针下针，2针上针，1针下针。

下一行：织1针下针，【织左下2针并1针，空针，织1针下针，空针，织右下2针并1针，织1针上针】重复织，直到最后12(10,12,10,12)针，织左下2针并1针，空针，织1针下针，空针，织右下2针并1针，织1针下针，【织1针上针，1针下针】重复织3(2,3,2,3)次。

下一行：【织1针上针，1针下针】重复织3(2,3,2,3)次，织1针下针，【织5针上针，1针下针】重复织，直到行末。

将最后 8 行再重复织 1 次。

保持中间的罗纹针花样不变,织4行上下针。

织袖窿

下一行(正面):收1针,织下针直到行末,保持中间的罗纹针花样不变。剩24(28,30,34,36)针。

下一行:织上针,保持中间的罗纹针花样不变。

继续织上下针,保持中间的罗纹针花样不变。在下一行的袖窿边以及接下来6行的每隔一行的袖窿边各减1针。剩21(25,27,31,33)针。

仅仅适用于尺码13~18和19~24个月的,再织2行上下针,没有花样。

将所有针目都留在1个防解别针上。

右前片

注意:尺码4~6、10~12和19~24个月的,前襟有6针罗纹针花样。

尺码7~9和13~18个月的,前襟有4针罗纹针花样。

用3毫米棒针,起25(29,31,35,37)针。

第1行(正面):【织1针下针,1针上针】重复织,直到最后1针,织1针下针。

第2行:【织1针上针,1针下针】重复织,直到最后1针,织1针上针。

将第1、2行再重复织1次。

换成3.5毫米棒针。

第5行:【织1针下针,1针上针】重复织3(2,3,2,3)次,织下针直到行末。

第6行:织上针直到最后6(4,6,4,6)针,【织1针下针,1针上针】重复织,直到行末。

从1个下针行开始,织上下针,同时,保持中间的罗纹针花样不变,织6(10,14,18,22)行。

下一行:【织1针下针,1针上针】重复织3(2,3,2,3)次,织6针下针,【织1针上针,5针下针】重复织,

直到最后1针,织1针下针。

下一行:织1针下针,【织5针上针,1针下针】重复织,直到最后6(4,6,4,6)针。【织1针下针,1针上针】重复织3(2,3,2,3)次。

下一行:【织1针下针,1针上针】重复织3(2,3,2,3)次,织1针下针,【空针,织右下2针并1针,织1针上针,织左下2针并1针,空针,织1针下针】重复织,直到行末。

下一行:织1针下针,2针上针,【织1针下针,5针上

蕾丝毛开衫

针】重复织，直到最后10(8,10,8,10)针，织1针下针，2针上针，1针下针，【织1针下针，1针上针】重复织3(2,3,2,3)次。

下一行：【织1针下针，1针上针】重复织3(2,3,2,3)次，织3针下针，【织1针上针，5针下针】重复织，直到最后4针，织1针上针，3针下针。

下一行：织1针下针，2针上针，【织1针下针，5针上针】重复织，直到最后10(8,10,8,10)针，织1针下针，2针上针，1针下针，【织1针下针，1针上针】重复织3(2,3,2,3)次。

下一行：【织1针下针，1针上针】重复织3(2,3,2,3)次，织1针下针，【左下2针并1针，空针，织1针下针，空针，织右下2针并1针，织1针上针】重复织，直到最后6针，织左下2针并1针，空针，织1针下针，空针，织右下2针并1针，织1针下针。

下一行：织1针下针，【织5针上针，1针下针】重复织，直到最后6(4,6,4,6)针。【织1针下针，1针上针】重复织3(2,3,2,3)次。

将最后8行再重复织1次。

保持中间的罗纹针花样不变，织5行上下针。

织袖窿

下一行（反面）：收1针，织上针直到行末，保持中间的罗纹针花样不变。剩24(28,30,34,36)针。

继续织上下针，保持中间的罗纹针花样不变。在下一行的袖窿边以及接下来6行的每隔一行的袖窿边各减1针。剩21(25,27,31,33)针。

仅仅适用于尺码13~18和19~24个月的，再织2行上下针，没有花样。

将所有针目都留在1个防解别针上。

袖子（织2只）

用3毫米棒针，起25(25,31,31,31)针。

第1行（正面）：【织1针下针，1针上针】重复织，直到最后1针，织1针下针。

第2行：【织1针上针，1针下针】重复织，直到最后1针，织1针上针。

将第1、2行再重复织1次。

换成3.5毫米棒针。

从1个下针行开始，织上下针，在接下来12(12,24,28,36)行的每个第4（第4，第8，第9，第12）行的每一端各加1针。共31(31,37,37,37)针。

下一行：织6针下针，【织1针上针，5针下针】重复织，直到最后1针，织1针下针。

下一行：织1针下针，【织5针上针，1针下针】重复织，直到行末。

下一行：织1针下针，【空针，织右下2针并1针，织1针上针，织左下2针并1针，空针，织1针下针】重复织，直到行末。

下一行：织1针下针，2针上针，【织1针下针，5针上针】重复织，直到最后4针，织2针上针，1针下针。

下一行：织3针下针，【织1针上针，5针下针】重复织，直到最后4针，织3针下针。

下一行：织1针下针，2针上针，【织1针下针，5针上针】重复织，直到最后4针，织2针上针，1针下针。

下一行：织1针下针，【织左下2针并1针，空针，织1针下针，空针，织右下2针并1针，织1针上针】重复织，直到最后6针，织左下2针并1针，空针，织1针下针，空针，织右下2针并1针，织1针下针。

下一行：织1针下针，【织5针上针，1针下针】重复织，直到行末。

将最后8行再重复织1次。

织4行上下针。

织袖山

下一行（正面）：收1针，织下针直到行末。剩30(30,36,36,36)针。

下一行：收1针，织上针直到行末。剩29(29,35,35,35)针。

继续织上下针，在下一行的每一端以及接下来6行的每隔一行的每一端各减1针。剩23(23,29,29,29)针。

仅仅适用于尺码13~18和19~24个月的，再织2行上下针，没有花样。
将所有针目留在1个防解别针上。

将所有织片合并编织

将织片正面朝向编织者，从防解别针上将所有针目滑到3.5毫米环形针上，顺序如下：左前片，袖子，后片，袖子，右前片。共121(137,159,173,181)针。
用长的环形针编织会更容易些，因为针数太多，且还要继续进行行编（片织）而非圈编。
将所有的针目一起，织1个减针行，具体如下：

仅仅适用于尺码4~6个月的

第1行：【织1针下针，1针上针】重复织3次，织6针下针，1针上针，2针下针，织左下3针并1针，织2针下针，1针上针，织到右前片（19针）；织2针下针，织左下3针并1针，织2针下针，1针上针，5针下针，1针上针，2针下针，织左下3针并1针，织2针下针，织左上2针并1针，织到袖子（18针）；【织2针下针，织左下3针并1针，织2针下针，1针上针】重复织3次，织2针下针，织左下3针并1针，织2针下针，织左上2针并1针，织到后片（24针）；织2针下针，织左下3针并1针，织2针下针，1针上针，5针下针，1针上针，2针下针，织左下3针并1针，织2针下针，织左上2针并1针，织到袖子（18针）；织2针下针，织左下4针并1针，织2针下针，1针上针，6针下针，【织1针上针，1针下针】重复织3次，织到左前片（18针）。

仅仅适用于尺码7~9个月的

第1行：【织1针下针，1针上针】重复织2次，织6针下针，1针上针，2针下针，织左下3针并1针，织2针下针，1针上针，5针下针，1针上针，2针下针，织左下3针并1针，织到右前片（23针）；织2针下针，织左下3针并1针，织2针下针，1针上针，5针下针，1针上针，2针下针，织左下3针并1针，织2针下针，织左上2针并1针，织到袖子（18针）；【织2针下针，织左下3针并1针，织2针下针，1针上针】重复织4次，织2针下针，织左下3针并1针，织2针下针，织左上2针并1针，织到后片（30针）；织2针下针，织左下3针并1针，织2针下针，1针上针，5针下针，1针上针，2针下针，织左下3针并1针，织2针下针，织左上2针并1针，织到袖子（18针）；织5针下针，1针上针，2针下针，织左下4针并1针，织2针下针，1针上针，6针下针，【织1针上针，1针下针】重复织2次，织到左前片（22针）。

仅仅适用于尺码10~12个月的

第1行：【织1针下针，1针上针】重复织3次，织6针下针，1针上针，2针下针，织左下3针并1针，织2针下针，1针上针，5针下针，1针上针，织到右前片（25针）；【织1针下针，（织左下3针并1针）重复织2次，织2针下针，1针上针】重复织2次，织2针下针，织左下3针并1针，织2针下针，织左上2针并1针，织到袖子（18针）；【织2针下针，织左下3针并1针，织2针下针，1针上针】重复织5次，织左下2针并1针，织2针下针，1针上针，织到后片（36针）；【织1针下针，（织左下3针并1针）重复织2次，织2针下针，1针上针】重复织2次，织2针下针，织左下3针并1针，织2针下针，织左上2针并1针，织到袖子（18针）；织5针下针，1针上针，2针下针，织左下4针并1针，织2针下针，1针上针，6针下针，【织1针上针，1针下针】重复织3次，织到左前片（24针）。

仅仅适用于尺码13~18个月的

第1行：【织1针下针，1针上针】重复织2次，织6针下针，1针上针，【织2针下针，织左下2针并1针，织2针下针，1针上针】重复织2次，织5针下针，1针上针，织到右前片（29针）；织2针下针，织左下3针并1针，织2针下针，【织1针上针，5针下针】重复织2次，织1针上针，2针下针，织左下3针并1针，织2针下针，织左上2针并1针，织到袖子（24针）；【织2针下针，织左下4针并1针，织2针下针，1针上针】重复织5次，织2针下针，织左下3针并1针，织2

蕾丝毛开衫

针下针，1针上针，织到后片（36针）；织2针下针，织左下3针并1针，织2针下针，【织1针上针，5针下针】重复织2次，织1针上针，2针下针，织左下3针并1针，织2针下针，织左上2针并1针，织到袖子（24针）；织5针下针，1针上针，2针下针，织左下3针并1针，织2针下针，1针上针，2针下针，织左下2针并1针，织2针下针，1针上针，6针下针，【织1针上针，1针下针】重复织2次，织到左前片（28针）。

仅仅适用于尺码 19~24 个月的

第1行：【织1针下针，1针上针】重复织3次，织6针下针，1针上针，【织2针下针，织左下2针并1针，织2针下针，1针上针】重复织2次，织5针下针，1针上针，织到右前片（31针）；织2针下针，织左下3针并1针，织2针下针，【织1针上针，5针下针】重复织2次，织1针上针，2针下针，织左下3针并1针，织2针下针，织左上2针并1针，织到袖子（24针）；【织2针下针，织左下3针并1针，织2针下针，1针上针】重复织5次，织2针下针，织左下2针并1针，织2针下针，1针上针，2针下针，织左下4针并1针，织2针下针，织左上2针并1针，织到后片（42针）；织2针下针，织左下3针并1针，织2针下针，【织1针上针，5针下针】重复织2次，织1针上针，2针下针，织左下3针并1针，织2针下针，织左上2针并1针，织到袖子（24针）；织5针下针，1针上针，2针下针，织左下3针并1针，织2针下针，1针上针，2针下针，织左下2针并1针，织2针下针，1针上针，6针下针，【织1针上针，1针下针】重复织3次，织到左前片（30针）。

剩 97(111,121,141,151) 针。

适用于所有尺码

第2行（反面）：【织1针上针，1针下针】重复织3(2,3,2,3)次，织1针下针，【织5针上针，1针下针】重复织，直到最后6(4,6,4,6)针，【织1针上针，1针下针】重复织3(2,3,2,3)次。

第3行：【织1针下针，1针上针】重复织3(2,3,2,3)次，织1针下针，【空针，织右下2针并1针，1针上针，织左下2针并1针，空针，1针下针】重复织，直到最后6(4,6,4,6)针，【织1针上针，1针下针】重复织3(2,3,2,3)次。

第4行：【织1针上针，1针下针】重复织3(2,3,2,3)次，织1针下针，2针上针，【织1针上针，5针下针】重复织，直到最后10(8,10,8,10,8)针，织1针下针，2针上针，1针下针，【织1针下针，1针上针】重复织3(2,3,2,3)次。

第5行：【织1针下针，1针上针】重复织3(2,3,2,3)次，织3针下针，【织1针上针，5针下针】重复织，直到最后10(8,10,8,10)针，织1针上针，3针下针，【织1针上针，1针下针】重复织3(2,3,2,3)次。

第6行：同第4行。

第7行：【织1针下针，1针上针】重复织3(2,3,2,3)次，织1针下针，【织左下2针并1针，空针，织1针下针，空针，织右下2针并1针，织1针上针】重复织，直到最后12(10,12,12,10)针，织左下2针并1针，空针，织1针下针，空针，织右下2针并1针，织1针下针，【织1针上针，1针下针】重复织3(2,3,2,3)次。

第8行：同第2行。

第9行：【织1针下针，1针上针】重复织3(2,3,2,3)次，织6针下针，【织1针上针，5针下针】重复织，直到最后7(5,7,5,7)针，织1针下针，【织1针上针，1针下针】重复织3(2,3,2,3)次。

将第 2~8 行再重复织 1 次。

织另一个减针行，具体如下：

下一行：【织1针下针，1针上针】重复织3(2,3,2,3)次，织5针下针，织右下3针并1针，【织3针下针，织右下3针并1针】重复织12(15,16,20,21)次，织5针下针，【织1针上针，1针下针】重复织3(2,3,2,3)次。剩71(79,87,99,107)针。

下一行：织上针，前襟保持罗纹针花样不变。

仅仅适用于尺码 4~6 个月的

下一行：【织1针下针，1针上针】重复织3次，织3针下针，织左下2针并1针，织1针下针，【织左下2针并1针，织6针下针】重复织6次，织左下2针并1针，织3针下针，【织1针上针，1针下针】重复织3次。剩63针。

仅仅适用于尺码 7~9 个月的

下一行：【织1针下针，1针上针】重复织2次，织4针下针，【织右下3针并1针，织5针下针】重复织4次，织4针下针，【织右下3针并1针，织5针下针】重复织3次。织右下3针并1针，织4针下针，【织1针上针，1针下针】重复织2次。剩63针。

仅仅适用于尺码 10~12 个月的
按照设定织 2 行。

下一行：【织1针下针，1针上针】重复织3次，织3针下针，【织右下2针并1针，织2针下针】重复织17次，织左下2针并1针，织2针下针，【织1针上针，1针下针】重复织3次。剩69针。

仅仅适用于尺码 13~18 个月的
按照设定织 2 行。

下一行：【织1针下针，1针上针】重复织2次，织5针下针，【织右下2针并1针，织1针下针，织左下2针并1针】重复织16次，织6针下针，【织1针上针，1针下针】重复织2次。剩67针。

仅仅适用于尺码 19~24 个月的
下一行：【织1针下针，1针上针】重复织3次，织6针下针，【织右下2针并1针，织1针下针】重复织28次，织5针下针，【织1针上针，1针下针】重复织3次。剩79针。

适用于所有尺码
下一行：织上针，前襟保持罗纹针花样不变。
织 2 行上下针，前襟保持罗纹针花样不变。

下一行：【织1针下针，1针上针】重复织，直到最后1针，织1针下针。

下一行：【织1针上针，1针下针】重复织，直到最后1针，织1针上针。

下一行：【织1针下针，1针上针】重复织，直到最后1针，织1针下针。

收针。

缝合

松松地藏线头。
按照线团带子上的指示熨平织片。
缝合袖窿的缝。缝合袖下和两胁。
沿着左前片前襟的罗纹针边缝上 4 颗或 5 颗纽扣。不需要织扣眼，因为使用的纽扣相当小，只要将纽扣扣入右前片前襟的罗纹针中就可以了。

蕾丝毛开衫

大八字领夹克衫

这款夹克衫在寒冷的日子作为避寒毛衣是非常好的,同时,它也可以当作毛开衫穿。

尺寸

尺码(月龄)	1~3 个月	4~6 个月	7~9 个月	10~12 个月	13~18 个月	19~24 个月
成衣胸围尺寸	46 厘米	51 厘米	56 厘米	61 厘米	63 厘米	66 厘米
成衣袖缝尺寸	10.5 厘米	10.5 厘米	14 厘米	14 厘米	17 厘米	17 厘米

毛线

3(3,3,4,4,5) 团 50 克 的 Debbie Bliss Rialto Aran in Denim 21203 毛线

材料

3.5 毫米和 4.5 毫米棒针各 1 对
防解别针 5 个
刺绣针
3.5 毫米钩针
直径 12 毫米的纽扣 3 颗
缝衣针和线
15 厘米 x 30 厘米的布片(作为前襟布衬)

密度

在 10 厘米 ×10 厘米范围内,用 4.5 毫米棒针织上下针,织 16 针、23 行

缩略语

参见第 140 页

后片

用 3.5 毫米棒针，起 37(41,45,49,51,53) 针。

第1行（正面）：【织1针下针，1针上针】重复织，直到最后1针，织1针下针。

第2行：【织1针上针，1针下针】重复织，直到最后1针，织1针上针。

换成 4.5 毫米棒针。

第3行：织1(3,1,3,4,1)针下针，【空针，织2(2,3,3,3,4)针下针，织右下2针并1针，织左下2针并1针，织2(2,3,3,3,4)针下针，空针，织1针下针】重复织4次，织0(2,0,2,3,0)针下针。

第4行：织上针。

将第3、4行再重复织 3 次。

从 1 个下针行开始，继续织上下针，直到从起针边开始测量，后片的尺寸达到 12(13,15,17,19,21) 厘米，以 1 个上针行结束。

织插肩袖的袖窿

在接下来 2 行的每一端各减 2 针。剩 33(37,41,45,47,49) 针。

在下一行的每一端和每隔一行的每一端各减 1 针，直到剩下 11(15,19,19,19,21) 针。

将所有针目都留在 1 个防解别针上。

左前片

用 3.5 毫米棒针，起 19(21,23,25,27,29) 针。

第1行（正面）：【织1针下针，1针上针】重复织，直到最后1针，织1针下针。

第2行：【织1针上针，1针下针】重复织，直到最后1针，织1针上针。

换成 4.5 毫米棒针。

第3行：织1(2,1,2,3,2)针下针，【空针，织2(2,3,3,3,4)针下针，织右下2针并1针，织左下2针并1针，织2(2,3,3,3,4)针下针，空针，织1针下针】重复织2次，织0(1,0,1,2,1)针下针。

第4行：织上针。

将第3、4行再重复织 3 次。

从 1 个下针行开始，继续织上下针，直到从起针边开始测量，左前片的尺寸达到 12(13,15,17,19,21) 厘米，以 1 个上针行结束。

织插肩袖的袖窿

下一行：收2针，织下针直到行末。剩17(19,21,23,25,27)针。

下一行：织上针。

继续织上下针，在下一行的开始处和每隔一行的开始处各减 1 针，直到剩下 6(8,9,10,11,13) 针。

将所有针目都留在 1 个防解别针上。

右前片

用 3.5 毫米棒针，起 19(21,23,25,27,29) 针。

第1行（正面）：【织1针下针，1针上针】重复织，直到最后1针，织1针下针。

第2行：【织1针上针，1针下针】重复织，直到最后1针，织1针上针。

换成 4.5 毫米棒针。

第3行：织1(2,1,2,3,2)针下针，【空针，织2(2,3,3,3,4)

大八字领夹克衫

针下针,织右下2针并1针,织左下2针并1针,织2(2,3,3,3,4)针下针,空针,织1针下针】重复织2次,织0(1,0,1,2,1)针下针。

第4行:织上针。

将第3、4行再重复织3次。

从1个下针行开始,继续织上下针,直到从起针边开始测量,右前片的尺寸达到12(13,15,17,19,21)厘米,以1个上针行结束。

织插肩袖的袖窿

下一行:织下针。

下一行:收2针,织上针直到行末。剩17(19,21,23,25,27)针。

继续织上下针,在下一行的结束处和每隔一行的结束处各减1针,直到剩下6(8,9,10,11,13)针。

将所有针目都留在1个防解别针上。

袖子(织2只)

用3.5毫米棒针,起22(24,26,26,26,28)针。

第1行(正面):【织1针下针,1针上针】重复织。

第2行:同第1行。

换成4.5毫米棒针。

从1个下针行(正面行)开始,继续织上下针,在每个第8行的每一端各加1针,直到达到28(30,34,34,36,38)针。

织插肩袖的袖山

在接下来2行的开始处各收2针。剩24(26,30,30,32,34)针。

在下一行的每一端和接下来的每个第4行的每一端各减1针,直到剩下18(20,22,20,20,22)针,然后,在每隔一行的每一端各减1针,直到剩下6(8,12,12,14,16)针。

将所有针目都留在1个防解别针上。

衣领

将织片正面朝向编织者，将所有针目从防解别针上滑到3.5毫米棒针上，顺序如下：左前片、袖子、后片、袖子、右前片。共35(47,61,63,69,79)针。

仅仅适用于尺码1~3个月的

第1行：【织4针下针，加1针】重复织8次，织3针下针。共43针。

织第2行。

适用于所有其余尺码

第1行（正面）：【织1针下针，1针上针】重复织，直到最后1针，织1针下针。

第2行：【织1针上针，1针下针】重复织，直到最后1针，织1针上针。

继续按照设定织罗纹针，直到衣领的尺寸达到8(9,10,11,12,13)厘米。

收针。

前襟

用3.5毫米棒针，起28(32,34,38,40,42)针。

第1行（正面）：【织1针下针，1针上针】重复织。

第2行：同第1行。

第3行：织1(3,1,3,4,2)针下针，【空针，织2(2,3,3,3,4)针下针，织右下2针并1针，织左下2针并1针，织2(2,3,3,3,4)针下针，空针，织1针下针】重复织3次，织0(2,0,2,3,1)针下针。

第4行：织上针。

将第3、4行再重复织3次。

下一行：织下针。

收针。

缝合

松松地藏线头。

按照线团带子上的指示熨平织片。

缝合插肩袖。缝合袖下和两肋。

将前襟的收针边与夹克衫的左前片缝合在一起。围绕着前襟的边缘钩织简单的饰边（例如长针），在每个尖端钩织1个小链环作为扣眼（共3个）。将前襟叠放在夹克衫的右前片上，并且在右前片上缝上纽扣与扣眼相配。

将15厘米×30厘米的布片对折，这样它就是双层的，裁剪出与编织好的前襟相配的大小。以链形缝针迹、机缝或手缝方式将前襟布衬缝到夹克衫的右前片上。

大八字领夹克衫

小麻花毛开衫

这款毛开衫使用的麻花花样与小麻花毛衣中设计的麻花花样是一样的。不同的是，这款毛开衫的5颗纽扣设计在侧面。

尺寸

尺码（月龄）	1~3 个月	4~6 个月	7~12 个月	13~18 个月	19~24 个月
成衣胸围尺寸	47 厘米	50 厘米	58 厘米	61 厘米	68 厘米
成衣袖缝尺寸	12 厘米	12 厘米	17 厘米	18 厘米	21 厘米

毛线

2(2,3,3,4) 团 50 克的 Debbie Bliss Baby Cashmerino in Dusty Rose 340608 毛线

材料

3 毫米和 4 毫米棒针各 1 对
长的 4 毫米环形针
麻花针
防解别针 4 个
刺绣针
直径 12 毫米的纽扣 5 颗
缝衣针和线

密度

在 10 厘米 ×10 厘米范围内，用 4 毫米棒针织反上下针，织 30 针、28 行
9 针麻花嵌花（织 C4B，织 1 针下针，织 C4F），织 4.5 厘米宽

缩略语

C2B（ ╳ ）：将下一针滑到麻花针上，并将麻花针放在织片的后面，从左手棒针上将下一针织下针，然后从麻花针上织1针下针。

C2F（ ╳ ）：将下一针滑到麻花针上，并将麻花针放在织片的前面，从左手棒针上将下一针织下针，然后从麻花针上织1针下针。

C3B（ ╳╲ ）：将接着的2针滑到麻花针上，并将麻花针放在织片的后面，从左手棒针上将下一针织下针，然后从麻花针上织2针下针。

C3F（ ╱╳ ）：将下一针滑到麻花针上，并将麻花针放在织片的前面，从左手棒针上将接着的2针织下针，然后从麻花针上织1针下针。

C4B（ ╳╲╲ ）：将接着的3针滑到麻花针上，并将麻花针放在织片的后面，从左手棒针上将下一针织下针，然后从麻花针上织3针下针。

C4F（ ╱╳╳ ）：将下一针滑到麻花针上，并将麻花针放在织片的前面，从左手棒针上将接着的3针织下针，然后从麻花针上织1针下针。

同时参见第140页。

后片

用3毫米棒针，起53(57,65,69,75)针。

第1行：【织1针上针，1针下针】重复织，直到最后1针，织1针上针。

第2行：【织1针下针，1针上针】重复织，直到最后1针，织1针下针。

第3行：同第1行。

换成4毫米棒针。

第4行（正面）：织4(6,4,6,3)针上针，【织9针下针，3针上针】重复织3(3,4,4,5)次，织9针下针，织4(6,4,6,3)针上针。

第5行：将上一行的所有上针织成下针，将上一行的所有下针织成上针。

第6行：织4(6,4,6,3)针上针，【织C4B，织1针下针，织C4F，织3针上针】重复织3(3,4,4,5)次，织C4B，织1针下针，织C4F，织4(6,4,6,3)针上针。

第7行：同第5行。

将第4~7行再重复织7(8,9,10,11)次。

将所有针目留在1个防解别针上。

前片

用3毫米棒针，起51(54,63,66,73)针。

第1行：【织1针上针，1针下针】重复织，直到最后1(0,1,0,1)针，织1(0,1,0,1)针上针。

第2行：织1(0,1,0,1)针下针，【织1针上针，1针下针】重复织，直到行末。

第3行：同第1行。

换成4毫米棒针。

第4行（正面）：织4(6,4,6,3)针上针，【织9针下针，3针上针】重复织3(3,4,4,5)次，织9针下针，织2(3,2,3,1)针上针。

第5行：将上一行的上针织成下针，将上一行的下针织成上针。

第6行：织4(6,4,6,3)针上针，【织C4B，织1针下针，织C4F，织3针上针】重复织3(3,4,4,5)次，织C4B，织1针下针，织C4F，织2(3,2,3,1)针上针。

第7行：同第5行。

将第4~7行再重复织7(8,9,10,11)次。

将所有针目留在1个防解别针上。

小麻花毛开衫

袖子（织2只）

用3毫米棒针，起27(29,33,33,35)针。

第1行：【织1针上针，1针下针】重复织，直到最后1针，织1针上针。

第2行：【织1针下针，1针上针】重复织，直到最后1针，织1针下针。

第3行：同第1行。

换成4毫米棒针。

第4行（正面）：织3(4,0,0,1)针上针，织9针下针，3针上针，9针下针，织3(4,3,3,3)针上针，织0(0,9,9,9)针下针，织0(0,0,0,1)针上针。

第5行：将上一行的上针织成下针，将上一行的下针织成上针。

第6行（麻花行）：织3(4,0,0,1)针上针，织C4B，织1针下针，织C4F，织3针上针，织C4B，织1针下针，织C4F，织3(4,3,3,3)针上针，【织C4B，织1针下针，织C4F】重复织0(0,1,1,1)次，织0(0,0,0,1)针上针。

第7行：同第5行。

继续按照第4~7行的设定织麻花花样，同时，在下一个麻花行的每一端以及每隔一行的麻花行的每一端各加1针上针，直到达到35(37,41,45,49)针，用第7行的花样结束。

仅仅适用于尺码7~12个月的

再织12行，以1个花样行结束。

将所有针目留在1个防解别针上。

将所有织片合并编织

将织片正面朝向编织者。将所有针目从防解别针上滑到4毫米环形针上，顺序如下：前片，袖子，后片，袖子。共174(185,210,225,246)针。

用长的环形针编织会更容易些，因为针数太多，且还要进行行编（片织）而非圈编。

继续按照上面第4~7行的设定织麻花花样，从第4行的花样开始织，具体如下：

第1行（正面）：按照设定织花样，将边缘的针目织上针。

第2行及所有的反面行：将上一行的上针织成下针，将上一行的下针织成上针。

第3行（麻花行）：织花样直到行末，在袖子和身片之间的每个插肩袖的袖窿处，而不是在行的每一端，织左上3针并1针。剩168(179,204,219,240)针。

第5行：织5(6,2,4,6)针上针，织左上2针并1针，然后织花样，像上次一样，在每个插肩袖的袖窿处，而不是在行的每一端，织左上3针并1针。剩161(172,197,212,233)针。

第7行（麻花行）：同第3行，但是，仅仅适用于尺码7~12个月的，要在袖窿处织左上2针并1针，而不是织左上3针并1针。剩155(166,194,206,227)针。

第9行：织4(5,1,3,5)针上针，织左上2针并1针，织花样直到行末。剩154(165,193,205,226)针。

第11行（麻花行）：同第3行，但是，仅仅适用于尺码7~12个月的，不要在袖窿处减针。剩148(159,193,199,220)针。

第13行：织花样直到行末，仅仅适用于尺码4~6个月的，要在袖窿处减3针；仅仅适用于尺码13~18个月的，要在袖窿处减1针。剩148(150,193,196,220)针。

现在，在麻花嵌花之间的针目加上在行的每一端的边缘的针目，应该共有3针。

第15行（麻花行）：织花样直到行末，在麻花嵌花之间，而不是在行的每一端，织左上2针并1针。剩137(139,178,181,203)针。

第17行：织花样直到行末。

第19行（麻花行）：织花样直到行末。

第21行：织5(6,2,4,6)针上针，【织3针下针，织右下3针并1针，织3针下针，2针上针】重复织，直到最后11(12,11,12,10)针，织3针下针，织右下3针并1针，织3针下针，织2(3,2,3,1)针上针。剩113(115,146,149,167)针。

第23行（麻花行）：织5(6,2,4,6)针上针，【织C3B，织1针下针，织C3F，织2针上针】重复织，直到最后9(10,9,10,8)针，织C3B，织1针下针，织C3F，织2(3,2,3,1)针上针。

第25行：织花样直到行末，在麻花嵌花之间，而不是在行的每一端，织左上2针并1针。剩102(104,131,134,150)针。

第27行（麻花行）：织花样直到行末。

仅仅适用于尺码1~3、4~6和7~12个月的

第29行：织5(6,2)针上针，【织2针下针，织右下3针并1针，织2针下针，1针上针】重复织，直到最后9(10,9)针。织2针下针，织右下3针并1针，织2针下针，2(3,2)针上针。剩78(80,99)针。

第31行（麻花行）：织5(6,2)针上针，【织C2B，织1针下针，织C2F，织1针上针】重复织，直到最后7(8,7)针，织C2B，织1针下针，织C2F，织2(3,2)针上针。

第33行：织5(6,2)针上针，【织1针下针，织右下3针并1针，织1针下针，1针上针】重复织，直到最后7(8,7)针，织1针下针，织右下3针并1针，织1针下针，织2(3,2)针上针。剩54(56,67)针。

换成3毫米棒针。

第35行：【织1针下针，1针上针】重复织，直到行末，同时，仅仅适用于尺码7~12个月的，在中间位置减1针。剩54(56,66)针。

第36行：【织1针下针，1针上针】重复织，直到行末。

收针。

仅仅适用于尺码13~18和19~24个月的

第29行：织花样直到行末。

第31行（麻花行）：织花样直到行末。

第33行：织4(6)针上针，【织2针下针，织右下3针并1针，织2针下针，1针上针】重复织，直到最后10(8)针，织2针下针，织右下3针并1针，织2针下针，织3(1)针上针。剩102(114)针。

第35行（麻花行）：织4(6)针上针，【织C2B，织1针下针，织C2F，织1针上针】重复织，直到最后8(6)针，织C2B，织1针下针，织C2F，织3(1)针上针。

第37行：织花样直到行末。

第39行（麻花行）：织花样直到行末。

第41行：织4(6)针上针，【织1针下针，织右下3针并1针，织1针下针，1针上针】重复织，直到最后8(6)针，织1针下针，织右下3针并1针，织1针下针，织3(1)针上针。剩70(78)针。

第42行：同第2行。

换成3毫米棒针。

第43行：【织1针下针，1针上针】重复织，直到行末。

第44行：同第43行。

收针。

缝合

松松地藏线头。

按照线团带子上的指示熨平织片。

缝合左侧插肩。缝合左侧袖下和两肋。

缝合右插肩后片。缝合右侧袖下。

用3毫米棒针，将织片正面朝向编织者，沿着前片开口的边，挑起53(57,61,71,75)针。织1针下针、1针上针的罗纹针，共织2(2,4,4,4)行，然后收针。从身片的底边到前片右侧插肩袖的上部，沿着后片开口的边重复织。

沿着后片和袖子的罗纹针边，均匀地放置并缝上5颗纽扣。不必织扣眼，因为使用的纽扣非常小，只需将纽扣扣入前片的罗纹针边内就可以了。

小麻花毛开衫

起伏针毛开衫

起伏针，加上中间的小波浪——简单但很有视觉效果。还可以沿着前襟钩织饰边，再在饰边上缝制纽扣和钩织小链环作为扣眼。

尺寸

尺码（月龄）	1~3 个月	4~6 个月	7~12 个月	13~18 个月	19~24 个月
成衣胸围尺寸	47 厘米	52 厘米	56 厘米	61 厘米	65 厘米
成衣袖缝尺寸	11.5 厘米	14.5 厘米	17 厘米	20 厘米	22.5 厘米

毛线

2(2,3,3,4) 团 50 克的 Rowan Cashsoft DK in Blue Jacket 535 毛线

材料

4 毫米棒针 1 对
防解别针 5 个
刺绣针
4 毫米钩针
直径 12 毫米的纽扣 5 颗
缝衣针和线

密度

在 10 厘米 ×10 厘米范围内，用 4 毫米棒针织起伏针，织 18 针、36 行

缩略语

参见第 140 页

注意：在起伏针花样中，有加针和减针。除了第12行，在数针数时，这些加针和减针都不包括在内。

后片

起 42(46,50,54,58) 针。

第1、2行：织下针。

第3行（正面）：织13(15,17,19,21)针下针，空针，织16针下针，空针，织13(15,17,19,21)针下针。共44(48,52,56,60)针。

第4行和所有的反面行：织下针。

第5行：织14(16,18,20,22)针下针，空针，织16针下针，空针，织14(16,18,20,22)针下针。共46(50,54,58,62)针。

第7行：织15(17,19,21,23)针下针，空针，织16针下针，空针，织15(17,19,21,23)针下针。共48(52,56,60,64)针。

第9行：织16(18,20,22,24)针下针，空针，织16针下针，空针，织16(18,20,22,24)针下针。共50(54,58,62,66)针。

第11行：织17(19,21,23,25)针下针，【织左下2针并1针】重复织8次，织17(19,21,23,25)针下针。剩42(46,50,54,58)针。

第12行：织下针。

将第3~12行再重复织 3(3,4,5,5) 次。

织插肩袖的袖窿

按照设定继续织花样。在接下来2行的开始处各减1针。剩 40(44,48,52,56) 针。

在下一行的每一端以及接下来 18(26,38,38,48) 行的每个第3行的每一端各减1针。剩 28(26,22,26,24) 针。

将所有针目都留在 1 个防解别针上。

左前片

起 22(24,26,28,30) 针。

第1、2行：织下针。

第3行（正面）：织13(15,17,19,21)针下针，空针，织9针下针。共23(25,27,29,31)针。

第4行和所有的反面行：织下针。

第5行：织14(16,18,20,22)针下针，空针，织9针下针。共24(26,28,30,32)针。

第7行：织15(17,19,21,23)针下针，空针，织9针下针。共25(27,29,31,33)针。

第9行：织16(18,20,22,24)针下针，空针，织9针下针。共26(28,30,32,34)针。

第11行：织17(19,21,23,25)针下针，【织左下2针并1针】重复织4次，织1针下针。剩22(24,26,28,30)针。

第12行：织下针。

将第 3~12 行再重复织 3(3,4,5,5) 次。

织插肩袖的袖窿

下一行：收1针，织花样直到行末。剩21(23,25,27,29)针。

下一行：织下针。

按照设定继续织花样。在下一行的袖窿边以及接下来 18(26,38,38,48) 行的每个第3行的袖窿边各减1针，剩 15(14,12,14,13) 针。

将所有针目都留在 1 个防解别针上。

右前片

起 22(24,26,28,30) 针。

第1、2行：织下针。

第3行（正面）：织9针下针，空针，织13(15,17,19,

起伏针毛开衫

21)针下针。共23(25,27,29,31)针。

第4行和所有的反面行：织下针。

第5行：织9针下针，空针，织14(16,18,20,22)针下针。共24(26,28,30,32)针。

第7行：织9针下针，空针，织15(17,19,21,23)针下针。共25(27,29,31,33)针。

第9行：织9针下针，空针，织16(18,20,22,24)针下针。共26(28,30,32,34)针。

第11行：织1针下针，【织左下2针并1针】重复织4次，织17(19,21,23,25)针下针。剩22(24,26,28,30)针。

第12行：织下针。

将第3~12行再重复织3(3,4,5,5)次。

织插肩袖的袖窿

下一行：织花样直到行末。

下一行：收1针，织下针直到行末。剩21(23,25,27,29)针。

按照设定继续织花样。在下一行的袖窿边以及接下来18(26,38,38,48)行的每个第3行的袖窿边各减1针。剩15(14,12,14,13)针。

将所有针目都留在1个防解别针上。

袖子（织2只）

起22(24,26,28,30)针。

第1、2行：织下针。

第3行（正面）：织3(4,5,6,7)针下针，空针，织16针下针，空针，织3(4,5,6,7)针下针。共24(26,28,30,32)针。

第4行和所有的反面行：织下针。

第5行：织4(5,6,7,8)针下针，空针，织16针下针，空针，织4(5,6,7,8)针下针。共26(28,30,32,34)针。

第7行：织5(6,7,8,9)针下针，空针，织16针下针，空针，织5(6,7,8,9)针下针。共28(30,32,34,36)针。

第9行：织6(7,8,9,10)针下针，空针，织16针下针，空针，织6(7,8,9,10)针下针。共30(32,34,36,38)针。

第11行：织7(8,9,10,11)针下针，【织左下2针并1针】重复织8次，织7(8,9,10,11)针下针。剩22(24,26,28,30)针。

第12行：织下针。

按照设定继续织花样。在下一行的每一端和接下来的每个第7（第8，第12，第12，第14）行的每一端各加1针，直到达到30(34,34,38,40)针。

织8(7,13,16,13)行花样。

织插肩袖的袖山

按照设定继续织正确的花样，在接下来2行的开始处各收1针。剩28(32,32,36,38)针。

在下一行的每一端以及接下来的15(17,18,21,27)行的每个第3行的每一端各减1针。剩18(20,20,22,20)针。

只要有足够的针数，就继续织花样，当最后一个花样织完后便织起伏针，同时，在下一行的每一端以及接下来3(9,20,17,21)行的每个第2(第2, 第3, 第2, 第3)行的每一端各减1针。剩14(10,6,4,6)针。

将所有针目都留在1个防解别针上。

将所有织片合并编织

将织片正面朝向编织者。将所有针目从防解别针上滑到棒针上，顺序如下：左前片，袖子，后片，袖子，右前片。共86(74,58,62,62)针。

仅仅适用于尺码1~3个月的

下一行（正面）：织12针下针，织左下2针并1针，织

2针下针，织右下2针并1针，织8针下针，织左下2针并1针，织2针下针，织右下2针并1针，织22针下针，织左下2针并1针，织2针下针，织右下2针并1针，织8针下针，织左下2针并1针，织2针下针，织右下2针并1针，织12针下针。剩78针。

下一行：织下针。

下一行：织11针下针，织左下2针并1针，织2针下针，织右下2针并1针，织6针下针，织左下2针并1针，织2针下针，织右下2针并1针，织20针下针，织左下2针并1针，织2针下针，织右下2针并1针，织6针下针，织左下2针并1针，织2针下针，织右下2针并1针，织11针下针。剩70针。

下一行：织下针。

下一行：织10针下针，织左下2针并1针，织2针下针，织右下2针并1针，织4针下针，织左下2针并1针，织2针下针，织右下2针并1针，织18针下针，织左下2针并1针，织2针下针，织右下2针并1针，织4针下针，织左下2针并1针，织2针下针，织右下2针并1针，织10针下针。剩62针。

下一行：织下针。

下一行：织9针下针，织左下2针并1针，织2针下针，织右下2针并1针，织2针下针，织左下2针并1针，织2针下针，织右下2针并1针，织16针下针，织左下2针并1针，织2针下针，织右下2针并1针，织2针下针，织左下2针并1针，织2针下针，织右下2针并1针，织9针下针。剩54针。

收针。

仅仅适用于尺码4~6个月的

下一行（正面）：织11针下针，织左下2针并1针，织2针下针，织右下2针并1针，织4针下针，织左下2针并1针，织2针下针，织右下2针并1针，织20针下针，织左下2针并1针，织2针下针，织右下2针并1针，织4针下针，织左下2针并1针，织2针下针，织右下2针并1针，织11针下针。剩66针。

下一行：织10针下针，织左下2针并1针，织2针下针，织右下2针并1针，织2针下针，织左下2针并1针，织2针下针，织右下2针并1针，织18针下针，织左下2针并1针，织2针下针，织右下2针并1针，织2针下针，织左下2针并1针，织2针下针，织右下2针并1针，织10针下针。剩58针。

收针。

适用于所有其余尺码

织5行下针。

收针。

缝合

松松地藏线头。

按照线团带子上的指示熨平织片。

缝合两个插肩袖。缝合袖下和两肋。

沿着右前片前襟钩织简单的饰边（例如长针），上面钩织5个间隔均匀的小链环作为扣眼。

沿着左前片前襟钩织简单的不带链环的饰边。将纽扣缝在左前襟饰边上，与扣眼相对应。

起伏针毛开衫

起伏针夹克衫

与起伏针毛开衫相比,这款起伏针夹克衫是用更粗的毛线编织的,当天气变凉的时候,可以当夹克衫穿。

尺寸

尺码(月龄)	1~3个月	4~6个月	7~12个月	13~18个月	19~24个月
成衣胸围尺寸	44厘米	49厘米	56厘米	62厘米	66厘米
成衣袖缝尺寸	9厘米	9厘米	12厘米	15厘米	15厘米

毛线

1(2,2,2,3)团 100克的skein of Malabrigo Merino Worsted in Dusty 60 毛线

材料

5毫米棒针1对
防解别针5个
刺绣针
5毫米钩针
直径12毫米的纽扣3颗
缝衣针和线

密度

在10厘米×10厘米范围内,用5毫米棒针织起伏针,织16针、34行

缩略语

参见第140页

注意：在起伏针花样中，有加针和减针。除了第12行，在数针数时，这些加针和减针都不包括在内。

后片

起 34(38,44,48,52) 针。

第1、2行：织下针。

第3行（正面）：织9(11,14,16,18)针下针，空针，织16针下针，空针，织9(11,14,16,18)针下针。共36(40,46,50,54)针。

第4行和所有的反面行：织下针。

第5行：织10(12,15,17,19)针下针，空针，织16针下针，空针，织10(12,15,17,19)针下针。共38(42,48,52,56)针。

第7行：织11(13,16,18,20)针下针，空针，织16针下针，空针，织11(13,16,18,20)针下针。共40(44,50,54,58)针。

第9行：织12(14,17,19,21)针下针，空针，织16针下针，空针，织12(14,17,19,21)针下针。共42(46,52,56,60)针。

第11行：织13(15,18,20,22)针下针，【织左下2针并1针】重复织8次，织13(15,18,20,22)针下针。剩34(38,44,48,52)针。

第12行：织下针。

将第 3~12 行再重复织 3(3,4,5,5) 次。

织插肩袖的袖窿

按照设定继续织花样。在接下来2行的开始处各收1针。剩 32(36,42,46,50) 针。

在接下来 18(28,28,38,38) 行的每个第 3 行的每一端各减 1 针。剩 20(18,24,22,26) 针。

将所有针目都留在 1 个防解别针上。

左前片

起 18(20,23,25,27) 针。

第1、2行：织下针。

第3行（正面）：织9(11,14,16,18)针下针，空针，织9针下针。共19(21,24,26,28)针。

第4行和所有的反面行：织下针。

第5行：织10(12,15,17,19)针下针，空针，织9针下针。共20(22,25,27,29)针。

第7行：织11(13,16,18,20)针下针，空针，织9针下针。共21(23,26,28,30)针。

第9行：织12(14,17,19,21)针下针，空针，织9针下针。共22(24,27,29,31)针。

第11行：织13(15,18,20,22)针下针，【织左下2针并1针】重复织4次，织1针下针。剩18(20,23,25,27)针。

第12行：织下针。

将第3~12行再重复织 3(3,4,5,5) 次。

织插肩袖的袖窿

下一行：收1针，织花样直到行末。剩17(19,22,24,26)针。

下一行：织花样直到行末。

按照设定继续织花样。在接下来 18(28,28,38,38) 行的每个第3行的袖窿边各减1针。剩 11(10,13,12,14) 针。将所有针目都留在1个防解别针上。

右前片

起 18(20,23,25,27) 针。

第1、2行：织下针。

第3行（正面）：织9针下针，空针，织9(11,14,16,18)针下针。共19(21,24,26,28)针。

第4行和所有的反面行：织下针。

第5行：织9针下针，空针，织10(12,15,17,19)针下针。共20(22,25,27,29)针。

第7行：织9针下针，空针，织11(13,16,18,20)针下针。共21(23,26,28,30)针。

第9行：织9针下针，空针，织12(14,17,19,21)针下针。共22(24,27,29,31)针。

第11行：织1针下针，【织左下2针并1针】重复织4次，织13(15,18,20,22)针下针。剩18(20,23,25,27)针。

第12行：织下针。

将第3~12 行再重复织 3(3,4,5,5) 次。

织插肩袖的袖窿

下一行：织花样直到行末。

下一行：收1针，织花样直到行末。剩17(19,22,24,26)针。

按照设定继续织花样。在接下来 18(28,28,38,38) 行的每个第3行的袖窿边各减1针。剩 11(10,13,12,14) 针。将所有针目都留在1个防解别针上。

袖子（织2只）

起 26(28,30,32,34) 针。

第1、2行：织下针。

第3行（正面）：织5(6,7,8,9)针下针，空针，织16针下针，空针，织5(6,7,8,9)针下针。共28(30,32,34,36)针。

第4行和所有的反面行：织下针。

第5行：织6(7,8,9,10)针下针，空针，织16针下针，空针，织6(7,8,9,10)针下针。共30(32,34,36,38)针。

第7行：织7(8,9,10,11)针下针，空针，织16针下针，

起伏针夹克衫

空针，织7(8,9,10,11)针下针。共32(34,36,38,40)针。

第9行：织8(9,10,11,12)针下针，空针，织16针下针，空针，织8(9,10,11,12)针下针。共34(36,38,40,42)针。

第11行：织9(10,11,12,13)针下针，【织左下2针并1针】重复织8次，织9(10,11,12,13)针下针。剩26(28,30,32,34)针。

第12行：织下针。

将第3~12行再重复织2(2,3,4,4)次。

织插肩袖的袖山

按照设定继续织正确的花样，在接下来2行的每一端各收1针。剩24(26,28,30,32)针。

只要有足够的针数，就继续织花样，当最后一个花样织完后便织起伏针，同时，在接下来8(28,28,28,28)行的每个第3行的每一端各减1针。剩20(8,10,12,14)针。

仅仅适用于尺码1~3个月的

织10行起伏针，在下一行的每一端和每隔一行的每一端各减1针。剩10针。

仅仅适用于尺码13~18和19~24个月的

织10行起伏针，在下一行的每一端和接下来的每个第3行的每一端各减1针。剩4(6)针。

适用于所有尺码

将所有针目留在1个防解别针上。

将所有织片合并编织

将织片正面朝向编织者，将所有针目从防解别针上滑到棒针上，顺序如下：左前片，袖子，后片，袖子，右前片。共62(54,70,54,66)针。

仅仅适用于尺码1~3个月的

下一行（正面）：织8针下针，织左下2针并1针，织2针下针，织右下2针并1针，织4针下针，织左下2针并1针，织2针下针，织右下2针并1针，织14针下针，织左下2针并1针，织2针下针，织右下2针并1针，织4针下针，织左下2针并1针，织2针下针，织右下2针并1针，织8针下针。剩54针。

下一行：织下针。

下一行：织7针下针，织左下2针并1针，织10针下针，织右下2针并1针，织12针下针，织左下2针并1针，织10针下针，织右下2针并1针，织7针下针。剩50针。

仅仅适用于尺码4~6个月的

下一行（正面）：织7针下针，织左下2针并1针，织2针下针，织右下2针并1针，织2针下针，织左下2针并1针，织2针下针，织右下2针并1针，织12针下针，织左下2针并1针，织2针下针，织右下2针并1针，织2针下针，织左下2针并1针，织2针下针，织右下2针并1针，织7针下针。剩46针。

仅仅适用于尺码7~12个月的

下一行（正面）：织9针下针，织左下2针并1针，织2针下针，织右下2针并1针，织8针下针，织左下2针并1针，织2针下针，织右下2针并1针，织12针下针，织左下2针并1针，织2针下针，织右下2针并1针，织8针下针，织左下2针并1针，织2针下针，织右下2针并1针，织9针下针。剩62针。

下一行：织下针。

下一行：织8针下针，织左下2针并1针，织14针下针，织右下2针并1针，织10针下针，织左下2针并1针，织14针下针，织右下2针并1针，织8针下针。剩58针。

起伏针夹克衫

仅仅适用于尺码 13~18 个月的

下一行（正面）：织9针下针，织左下2针并1针，织6针下针，织右下2针并1针，织16针下针，织左下2针并1针，织6针下针，织右下2针并1针，织9针下针。剩50针。

仅仅适用于尺码 19~24 个月的

下一行（正面）：织11针下针，织左下2针并1针，织8针下针，织右下2针并1针，织20针下针，织左下2针并1针，织8针下针，织右下2针并1针，织11针下针。剩62针。

下一行：织下针。

下一行：织10针下针，织左下2针并1针，织8针下针，织右下2针并1针，织18针下针，织左下2针并1针，织8针下针，织右下2针并1针，织10针下针。剩58针。

适用于所有尺码

织2行下针。

收针。

缝合

松松地藏线头。

按照线团带子上的指示熨平织片。

缝合两个插肩袖。缝合袖下和两肋。

沿着右前片前襟钩织简单的饰边（例如长针），再在上半部钩织3个间隔均匀的小链环作为扣眼。沿着左前片前襟钩织简单的不带链环的饰边。将纽扣缝在左前襟饰边上，与扣眼相对应。

连帽夹克衫

如果你能熟练掌握下针和上针的织法，这款夹克衫就是为你设计的。织这款毛衣确实需要一些耐心，因为它比其他毛衣都要大一些。它是用棉线编织的，也可以当作浴袍穿。

尺寸

尺码（月龄）	4~6 个月	7~9 个月	10~12 个月	13~18 个月	19~24 个月
成衣胸围尺寸	50 厘米	53 厘米	59 厘米	62 厘米	66 厘米
成衣袖缝尺寸	13.5 厘米	15 厘米	17 厘米	19 厘米	21 厘米

毛线

3(4,4,5,5) 团 50 克的 MillaMia Naturally Soft Merino in Plum 162 毛线

材料

3 毫米棒针 1 对
防解别针 5 个
刺绣针

密度

在 10 厘米 ×10 厘米范围内，用 3 毫米棒针织花样，织 22 针、31 行

缩略语

参见第 140 页

后片

起 55(59,65,69,73) 针。

第1行（正面）：【织1针下针，1针上针】重复织，直到最后1针，织1针下针。

第2行：【织1针上针，1针下针】重复织，直到最后1针，织1针上针。

将第1、2行再重复织1次。

第5行：【织1针下针，1针上针】重复织，直到最后1针，织1针下针。

第6行：织上针。

第7行：【织1针上针，1针下针】重复织，直到最后1针，织1针上针。

第8行：【织1针下针，1针上针】重复织，直到最后1针，织1针下针。

将第7、8行再重复织1次。

第11行：【织1针上针，1针下针】重复织，直到最后1针，织1针上针。

第12行：织上针。

将第1~12行再重复织2(3,3,4,4)次。

仅仅适用于尺码 4~6、10~12 和 19~24 个月的，将第 1~6 行再重复织 1 次。

织插肩袖的袖窿

按照设定保持花样正确，在接下来2行的开始处各收2针。剩 51(55,61,65,69) 针。

在下一行的每一端和每隔一行的每一端各减1针，直到剩下 23(27,33,31,35) 针。

将所有针目留在1个防解别针上。

左前片

起 35(37,41,43,45) 针。

第1行（正面）：【织1针下针，1针上针】重复织，直到最后1针，织1针下针。

第2行：【织1针上针，1针下针】重复织，直到最后1针，织1针上针。

将第1、2行再重复织1次。

第5行：【织1针下针，1针上针】重复织，直到最后1针，织1针下针。

第6行：织上针。

第7行：【织1针上针，1针下针】重复织，直到最后1针，织1针上针。

第8行：【织1针下针，1针上针】重复织，直到最后1针，织1针下针。

将第7、8行再重复织1次。

第11行：【织1针上针，1针下针】重复织，直到最后1针，织1针上针。

第12行：织上针。

将第1~12行再重复织2(3,3,4,4)次。

仅仅适用于尺码 4~6、10~12 和 19~24 个月的，将第1~6行再重复织1次。

织插肩袖的袖窿

下一行：收2针，织花样直到行末。剩33(35,39,41,43)针。

下一行：织花样直到行末。

按照设定保持花样正确，在下一行的袖窿边和每隔一行的袖窿边各减1针，直到剩下 19(21,25,24,26) 针。

将所有针目留在1个防解别针上。

右前片

起 35(37,41,43,45) 针。

第1行（正面）：【织1针下针，1针上针】重复织，直到最后1针，织1针下针。

第2行：【织1针上针，1针下针】重复织，直到最后1针，织1针上针。

将第1、2行再重复织1次。

第5行：【织1针下针，1针上针】重复织，直到最后1针，织1针下针。

第6行：织上针。

第7行：【织1针上针，1针下针】重复织，直到最后1针，织1针上针。

第8行：【织1针下针，1针上针】重复织，直到最后1针，织1针下针。

将第7、8行再重复织1次。

第11行：【织1针上针，1针下针】重复织，直到最后1针，织1针上针。

第12行：织上针。

将第1~12行再重复织2(3,3,4,4)次。

仅仅适用于尺码 4~6、10~12 和 19~24 个月的，将第1~6行再重复织1次。

织插肩袖的袖窿

下一行：织花样直到行末。

下一行：收2针，织花样直到行末。剩33(35,39,41,43)针。

按照设定保持花样正确，在下一行的袖窿边和每隔一行的袖窿边各减1针，直到剩下 19(21,25,24,26) 针。

将所有针目留在1个防解别针上。

连帽夹克衫

袖子（织 2 只）

起 27(29,31,33,35) 针。

按照上面的设定继续织花样，在每个第 6 行（上针行）的每一端各加 1 针，直到达到 41(45,49,53,57) 针。

织插肩袖的袖山

在接下来 2 行的开始处各收 2 针。剩 37(41,45,49,53) 针。

在下一行的每一端和每隔一行的每一端各减 1 针，直到剩下 9(13,17,15,19) 针。

将所有针目都留在 1 个防解别针上。

风帽

将织片正面朝向编织者，将针目从防解别针上滑到棒针上，顺序如下：左前片、袖子、后片、袖子、右前片。共 79(95,117,109,125) 针。

下一行（正面）：将所有针目按照设定织花样，同时，在连接处，将每个部分的第1针和最后1针以上针织在一起。剩75(91,113,105,121)针。

继续织花样，直到风帽尺寸达到 20(22,23,25,26) 厘米。收针。

缝合

松松地藏线头。

按照线团带子上的指示熨平织片。

缝合插肩袖。缝合袖下和两胁。

将风帽在中间对折，缝合风帽顶上的缝。

连帽夹克衫

毛背心

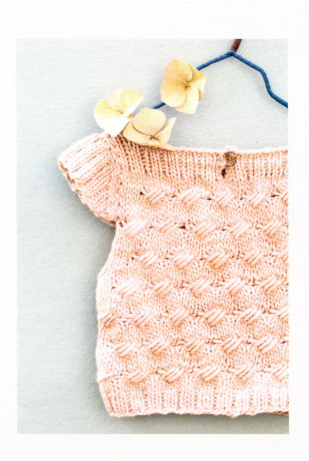

蕾丝毛背心

这款毛背心所使用的蕾丝花样与蕾丝毛开衫所使用的花样是一样的。如果你愿意的话,可以将前片和后片织得稍微长些,这样背心就变成了一条小裙子。但要记得这需要更多毛线。

尺寸

尺码(月龄)	4~6 个月	7~12 个月	13~18 个月	19~24 个月
成衣胸围尺寸	41 厘米	46 厘米	52 厘米	57 厘米

毛线

2 团 50 克的 Rowan Belle Organic DK by Amy Butler in Slate 015 毛线

材料

3.5 毫米棒针 1 对
防解别针
刺绣针

密度

在 10 厘米 ×10 厘米范围内,用 3.5 毫米棒针织花样,织 22 针、26 行

缩略语

参见第 140 页

蕾丝花样

（织6针的倍数+1针，共织8行）

第1行（正面）：织6针下针，【织1针上针，5针下针】重复织，直到最后1针，织1针下针。

第2行：织1针下针，【织5针上针，1针下针】重复织，直到行末。

第3行：织1针下针，【空针，织右下2针并1针，织1针上针，织左下2针并1针，空针，织1针下针】重复织，直到行末。

第4行：织1针下针，织2针上针，【织1针下针，5针上针】重复织，直到最后4针，织1针下针，2针上针，1针下针。

第5行：织3针下针，【织1针上针，5针下针】重复织，直到最后4针，织1针上针，3针下针。

第6行：同第4行。

第7行：织1针下针，【织左下2针并1针，空针，织1针下针，空针，织右下2针并1针，织1针上针】重复织，直到行末，但是在重复织最后一遍时，将最后一个"织1针上针"换成"织1针下针"。

第8行：同第2行。

后片

起45(51,57,63)针。

第1行（正面）：【织1针下针，1针上针】重复织，直到最后1针，织1针下针。

第2行：【织1针上针，1针下针】重复织，直到最后1针，织1针上针。

将第1、2行再重复织14(19,23,23)次。

织袖窿

按照设定继续织正确的罗纹针，在接下来2行的开始处各收2针。剩41(47,53,59)针。

在下一行的每一端以及接下来16行的每隔一行的每一端各减1针，减针织法具体如下：【织1针下针，1针上针】重复织3次，织右下2针并1针，【织1针上针，1针下针】重复织，直到最后8针，织左下2针并1针，【织1针上针，1针下针】重复织3次。

剩25(31,37,43)针。

继续织罗纹针，织6(10,10,10)行。

织领圈和肩带

下一行：【织1针下针，1针上针】重复织3次，织左下2针并1针，翻面【将剩下的17(23,29,35)针留在1个防解别针上】。剩7针。

按照设定织1针下针，1针上针罗纹针，织6行。

收7针。

将织片正面朝向编织者，将所有针目从防解别针上滑到左手棒针上，重新接上毛线，收针，直到总共剩下8针，织右下2针并1针，【织1针上针，1针下针】重复织3次。剩7针。

按照设定织1针下针，1针上针罗纹针，织6行。

收针。

前片

起45(51,57,63)针。

第1行（正面）：【织1针下针，1针上针】重复织，直到最后1针，织1针下针。

第2行：【织1针上针，1针下针】重复织，直到最后1针，织1针上针。

将第1、2行再重复织2(3,3,3)次。

下一行：【织1针下针，1针上针】重复织3次，织1针下针，织蕾丝花样，直到最后7针，织1针下针，【织1针上针，1针下针】重复织3次。

下一行：【织1针上针，1针下针】重复织3次，织1针

蕾丝毛背心

上针，织蕾丝花样，直到最后7针，织1针上针，【织1针下针，1针上针】重复织3次。

按照最后2行的设定，继续织正确的花样，直到重复织3(4,5,5)次蕾丝花样。

织袖窿

第1行（正面）：收2针（1针在右手棒针上），【织1针上针，1针下针】重复织3次，织4针下针，按照设定织蕾丝花样的第1行，直到最后7针，织1针下针，【织1针上针，1针下针】重复织3次。剩43(49,55,61)针。

第2行：收2针（1针在右手棒针上），【织1针下针，1针上针】重复织3次，织4针上针，1针下针，【织5针，1针上针】重复织，直到最后11针，织5针上针，【织1针下针，1针上针】重复织3次。剩41(47,53,59)针。

第3行：【织1针下针，1针上针】重复织3次，织右下2针并1针，织1针上针，织左下2针并1针，空针，按照设定织蕾丝花样的第3行，直到最后11针，空针，织右下2针并1针，织1针上针，织左下2针并1针，【织1针上针，1针下针】重复织3次。剩39(45,51,57)针。

第4行：【织1针上针，1针下针】重复织3次，织1针上针，【织1针下针，5针上针】重复织，直到最后8针，【织1针下针，1针上针】重复织4次。

第5行：【织1针下针，1针上针】重复织3次，织右下2针并1针，【织5针下针，1针上针】重复织，直到最后13针，织5针下针，织左下2针并1针，【织1针上针，1针下针】重复织3次。剩37(43,49,55)针。

第6行：【织1针上针，1针下针】重复织3次，织6针上针，【织1针下针，5针上针】重复织，直到最后7针，织1针上针，【织1针下针，1针上针】重复织3次。

第7行：【织1针下针，1针上针】重复织3次，织右下2针并1针，织1针下针，1针上针，【织左下2针并1针，空针，织1针下针，空针，织右下2针并1针，织1针上针】重复织，直到最后9针，织左下2针并1针，【织1针上针，1针下针】重复织3次。剩35(41,47,53)针。

第8行：【织1针上针，1针下针】重复织3次，织2针上针，【织1针下针，5针上针】重复织，直到最后9针，织1针下针，2针上针，【织1针上针，1针下针】重复织3次。

第9行：【织1针下针，1针上针】重复织3次，织右下2针并1针，按照设定织蕾丝花样的第1行，直到最后9针，织1针上针，织左下2针并1针，【织1针上针，1针下针】重复织3次。剩33(39,45,51)针。

第10行：【织1针上针，1针下针】重复织3次，织1针上针，1针下针，【织5针上针，1针下针】重复织，直到最后7针，织1针上针，【织1针下针，1针上针】重复织3次。

第11行：【织1针下针，1针上针】重复织3次，织右下2针并1针，【空针，织右下2针并1针，织1针上针，织左下2针并1针，空针，织1针下针】重复织，直到最后13针，空针，织右下2针并1针，织1针上针，织左下2针并1针，空针，织左下2针并1针，【织1针上针，1针下针】重复织3次。剩31(37,43,49)针。

第12行：【织1针上针，1针下针】重复织3次，织3针上针，【织1针下针，5针上针】重复织，直到最后10针，织1针下针，3针上针，【织1针下针，1针上针】重复织3次。

第13行：【织1针下针，1针上针】重复织3次，织右下2针并1针，【织1针上针，5针下针】重复织，直到最后10针，织1针上针，1针下针，织左下2针并1针，【织1针上针，1针下针】重复织3次。剩29(35,41,47)针。

第14行：【织1针上针，1针下针】重复织3次，织2针上针，【织1针下针，5针上针】重复织，直到最后9针，织1针下针，2针上针，【织1针下针，1针上针】重复织3次。

第15行：【织1针下针，1针上针】重复织3次，织右下2针并1针，【织1针下针，空针，织右下2针并1针，织1针上针，织左下2针并1针，空针】重复织，直到最后9针，织1针下针，织左下2针并1针，【织1针上针，1针下针】重复织3次。剩27(33,39,45)针。

第16行：【织1针上针，1针下针】重复织3次，织4针上针，【织1针下针，5针上针】重复织，直到最后11针，织1针下针，4针上针，【织1针下针，1针上针】重复织3次。

第17行：【织1针下针，1针上针】重复织3次，织右下2针并1针，织1针上针，【织1针下针，1针上针】重复织，直到最后8针，织左下2针并1针，【织1针下针，1针上针】重复织3次。剩25(31,37,43)针。

第18行：【织1针上针，1针下针】重复织，直到最后1针，织1针下针。

按照设定织1针下针，1针上针罗纹针，织6(10,10,10)行。

织领圈和肩带

下一行：【织1针下针，1针上针】重复织3次，织左下2针并1针，翻面【将剩下的17(23,29,35)针留在1个防解别针上】。剩7针。

按照设定织1针下针，1针上针罗纹针，织6行。

收7针。

将织片正面朝向编织者，将所有针目从防解别针上滑到左手棒针上，重新接上毛线，收针，直到总共剩下8针，织右下2针并1针，【织1针上针，1针下针】重复织3次。剩7针。

按照设定的，织1针下针，1针上针罗纹针，织6行。

收针。

缝合

松松地藏线头。
按照线团带子上的指示熨平织片。
缝合肩带，然后缝合两肋。

蕾丝毛背心

暖融融毛背心

这款无袖暖融融毛背心，男孩和女孩都可以穿。你也可以为女孩穿的毛背心添加一个小盖肩袖，来显示女性的优雅。根据喜好，你可以在前片或后片加上一颗纽扣。

尺码

尺码（月龄）	4~6 个月	7~9 个月	10~12 个月	13~18 个月	19~24 个月
成衣胸围尺寸	44 厘米	48 厘米	53 厘米	57 厘米	62 厘米

毛线

1 (1,1,1,2) 团 100 克的 Malabrigo Merino Worsted in Simply Taupe 601 或 Polar Morn 9 毛线

材料

3.5 毫米和 4.5 毫米棒针各 1 对
防解别针 2 个
刺绣针
钩针
直径 12 毫米的纽扣 1 颗
缝衣针和线

密度

在 10 厘米 ×10 厘米范围内，用 4.5 毫米棒针织花样，织 18 针、22 行

缩略语

LPC：将接下来的3针滑到右手棒针上，挑起3个绕线的针目，同时放掉每针绕线的线圈。将3个滑针重新放回左手棒针上，将3个长针目（之前放掉的线圈形成长针目）套过这3个滑针，并依次将右手棒针插入每个长针目的后环织下针，然后将3个滑针织成下针。

同时参见第140页。

后片

用3.5毫米棒针，起40(44,48,52,56)针。

第1行（正面）：织1(2,3,1,2)针下针，【织1针上针，2针下针】重复织，直到行末。

第2行：【织2针上针，1针下针】重复织，直到最后1(2,3,1,2)针，织1(2,3,1,2)针上针。

将第1、2行再重复织2次。

换成4.5毫米棒针。

第7行：织下针。

第8行：织上针。

第9行：织下针。

第10行：织2(1,3,2,1)针上针，【织3针上针，且每一针都将毛线绕过棒针2次，织3针上针】重复织，直到最后2(1,3,2,1)针，织2(1,3,2,1)针上针。

第11行：织2(1,3,2,1)针下针，【织LPC】重复织，直到最后2(1,3,2,1)针，织2(1,3,2,1)针下针。

第12行：织上针。

第13行：织下针。

第14行：织上针。

第15行：织下针。

第16行：织5(4,6,5,4)针上针，【织3针上针，且每一针都将毛线绕过棒针2次，织3针上针】重复织，直到最后5(4,6,5,4)针，织5(4,6,5,4)针上针。

第17行：织5(4,6,5,4)针下针，【织LPC】重复织，直到最后5(4,6,5,4)针，织5(4,6,5,4)针下针。

第18行：织上针。

将第7~18行再重复织1(1,1,2,2)次。

仅仅适用于尺码10~12个月的，将第7~12行再重复织1次。

织袖窿

按照设定继续织正确的花样，在接下来2行的开始处各收1(2,2,3,2)针。剩38(40,44,46,52)针。

下一行：织下针，在行的每一端各减0(1,0,1,1)针。剩38(38,44,44,50)针。

按照设定继续织正确的花样，织17行。

织领圈和肩带

换成3.5毫米棒针。*

下一行：织2针下针，【织1针上针，2针下针】重复织，直到行末。

下一行：织2针上针，【织1针下针，2针上针】重复织，直到行末。

将最后2行再重复织3次。

下一行：织2针下针，1针上针，2针下针，翻面【将剩下的33(33,39,39,45)针留在1个防解别针上】。剩5针。

下一行：织2针上针，1针下针，2针上针。

下一行：织2针下针，1针上针，2针下针。

收5针。

将织片正面朝向编织者，将针目从防解别针上滑到左

暖融融毛背心

手棒针上,重新接上毛线,收针,直到总共剩下5针,织2针下针,1针上针,2针下针。

下一行:织2针上针,1针下针,2针上针。

下一行:织2针下针,1针上针,2针下针。

收针。

前片

同后片,一直织到*处。

下一行(正面):织2针下针,【织1针上针,2针下针】重复织5(5,6,6,7)次,织1针上针,1针下针,翻面【将剩下的19(19,22,22,25)针留在1个防解别针上】。剩19(19,22,22,25)针。

下一行:织1针上针,【织1针下针,2针上针】重复织,直到行末。

将最后2行再重复织3次。

下一行:织2针下针,1针上针,2针下针,翻面【将剩下的14(14,17,17,20)针留在第2个防解别针上】。剩5针。

下一行:织2针上针,1针下针,2针上针。

下一行:织2针下针,1针上针,2针下针。

收5针。

将织片正面朝向编织者,将针目从第2个防解别针上滑到左手棒针上,重新接上毛线,将所有的14(14,17,17,20)针收针。

将织片正面朝向编织者,将针目从第1个防解别针上滑到左手棒针上,重新接上毛线。共19(19,22,22,25)针。

下一行:织1针下针,【织1针上针,2针下针】重复织,直到行末。

下一行:【织2针上针,1针下针】重复织,直到最后1针,织1针上针。

将最后2行再重复织3次。

下一行:收针,直到总共剩下5针,织2针下针,1针上针,1针下针。

下一行:织2针上针,1针下针,2针上针。

下一行:织2针下针,1针上针,2针下针。

收针。

为女孩子织的盖肩袖(织2只)

用3.5毫米棒针,起35(35,35,41,41)针。

第1行(正面):织2针下针,【织1针上针,2针下针】重复织,直到行末。

第2行:织2针上针,【织1针下针,2针上针】重复织,直到行末。

按照设定织正确的罗纹针花样,在下一行的每一端以及接下来9行的每隔一行的每一端各减1针。剩25(25,25,31,31)针。

第12行:收5(5,5,7,7)针,织左下2针并1针,收针2次,织左下3针并1针,收针2(2,2,3,3)次,织左下2针并1针,收针2次,将剩下的针目全部收针。

缝合

松松地藏线头。

按照线团带子上的指示熨平织片。

缝合肩带,然后缝合两胁。

如果毛背心是带盖肩袖的,将袖子的收针边均匀地沿着袖窿的上部边缘固定在一起,要确定袖子的中线与肩膀的肩带缝是在一条直线上,然后,将它们缝合在一起。

在前片领口中间的一侧钩织1个小链环作为扣眼,在相对应的另一侧缝1颗纽扣与之相配。

暖融融毛背心

麻花毛背心

这款毛背心的设计既适合女孩穿也适合男孩穿。它是品位的表现。如果你觉得前片带有纽扣对于男孩来说有些女孩子气，那么织男款毛背心时选择织两个后片就可以了。

尺寸

尺码（月龄）	4~6 个月	7~9 个月	10~12 个月	13~18 个月	19~24 个月
成衣胸围尺寸	41 厘米	48 厘米	55 厘米	61 厘米	68 厘米

毛线

2 团 50 克的 Rowan Baby Merino Silk DK in Rose 678 或 Zinc 681 毛线

材料

3.5 毫米棒针 1 对
麻花针
防解别针 2 个
刺绣针
钩针
直径 12 毫米的纽扣 1 颗
缝衣针和线

密度

在 10 厘米 ×10 厘米范围内，用 3.5 毫米棒针织麻花花样，织 24 针、32 行

缩略语

C6B：将接着的4针滑到麻花针上，并将麻花针放在织片的后面，从左手棒针上将接着的2针织下针，然后从麻花针上将2针上针滑回到左手棒针上，将它们织上针，然后从麻花针上织2针下针。

C6F：将接着的4针滑到麻花针上，并将麻花针放在织片的前面，从左手棒针上将接着的2针织下针，然后从麻花针上将2针上针滑回到左手棒针上，将它们织上针，然后从麻花针上织2针下针。

C6Btog：将接着的4针滑到麻花针上，并将麻花针放在织片的后面，从左手棒针上将接着的2针并1针织上针，从麻花针上将2针上针滑回到左手棒针上，将它们织上针，然后从麻花针上织2针下针。

C6Ftog：将接着的4针滑到麻花针上，并将麻花针放在织片的前面，从左手棒针上将接着的2针织下针，从麻花针上将2针上针滑回到左手棒针上，将它们织上针，然后从麻花针上2针并1针织上针。

同时参见第140页。

后片

起50(58,66,74,82)针。

第1行（正面）：【织2针上针，2针下针】重复织，直到最后2针，织2针上针。

第2行：【织2针下针，2针上针】重复织，直到最后2针，织2针下针。

将第1、2行再重复织3次。

麻花毛背心

第9行：织2针上针，2针下针，2针上针，【织C6B，织2针上针】重复织，直到最后4针，织2针下针，2针上针。

第10行：【织2针下针，2针上针】重复织，直到最后2针，织2针下针。

第11行：【织2针上针，2针下针】重复织，直到最后2针，织2针上针。

第12行：【织2针下针，2针上针】重复织，直到最后2针，织2针下针。

将第11、12行再重复织2次。

第17行：【织2针上针，2针下针】重复织2次，织2针上针，【织C6F，织2针上针】重复织，直到最后8针，【织2针下针，2针上针】重复织2次。

第18行：【织2针下针，2针上针】重复织，直到最后2针，织2针下针。

第19行：【织2针上针，2针下针】重复织，直到最后2针，织2针上针。

第20行：【织2针下针，2针上针】重复织，直到最后2针，织2针下针。

第21~24行：将第19、20行再重复织2次。

将第9~24行再重复织1(1,1,2,2)次。

下一行：织2针上针，2针下针，2针上针，织C6Btog，织2针上针，【织C6B，织2针上针】重复织，直到最后12针，织C6Ftog，织2针上针，2针下针，2针上针。剩48(56,64,72,80)针。

下一行和所有的反面行：将上一行的下针都织成上针，将上一行的上针都织成下针。

织袖窿

按照设定继续织正确的花样，在接下来 2 行的开始处各收 4 针。剩 40(48,56,64,72) 针。

在下一行的每一端以及接下来 6 行的每隔一行的每一端各减 1 针（最后一个减针行应当是 C6F 麻花行）。

剩 34(42,50,58,66) 针。

织 8 行花样。*

按照设定继续织花样，织 4(4,12,12,12) 行。

织领圈和肩带

现在，继续按照设定织 2 针下针，2 针上针罗纹针。

织 10 针，翻面【将剩下的 24(32,40,48,56) 针留在 1 个防解别针上】。

织 6 行。

收 10 针。

将织片正面朝向编织者，将针目从防解别针上滑到左手棒针上，重新接上毛线，收针，直到总共剩下 10 针，织罗纹针花样直到结束。

织 6 行。

收针。

前片

同后片，一直织到 * 处。

按照设定继续织花样，织 0(0,8,8,8) 行。

织领圈和肩带

现在，继续按照设定织 2 针下针，2 针上针罗纹针。

织 17(21,25,29,33) 针，翻面【将剩下的 17(21,25,29,33) 针留在 1 个防解别针上】。

织 3 行。

织 10 针，翻面【将剩下的 7(11,15,19,23) 针留在第 2 个防解别针上】。

织 6 行。

收 10 针。

将织片正面朝向编织者，将所有针目从第 2 个防解别针上滑到左手棒针上，重新接上毛线，将所有的针目收针。

将织片正面朝向编织者，将所有针目从第 1 个防解别针上滑到左手棒针上，重新接上毛线。共 17(21,25,29,33) 针。

织 4 行。

收 7(11,15,19,23) 针，织罗纹针花样直到结束。剩 10 针。

织 6 行。

收针。

缝合

松松地藏线头。

按照线团带子上的指示熨平织片。

缝合肩带，然后缝合两胁。

在前片领口中间钩织 1 个小链环作为扣眼，在对应位置缝 1 颗纽扣与之相配。

麻花毛背心

配饰

波纹帽

这款带波纹花样的帽子非常好看,可以盖住前额,也很保暖。

尺寸

尺码(月龄)	未满月	1~3 个月	4~6 个月	7~9 个月
成品头围尺寸	29 厘米	31 厘米	33.5 厘米	38 厘米

毛线

1 团 50 克的 Rowan Wool Cotton in Smalt 963 毛线

材料

3.5 毫米棒针 1 对
刺绣针

密度

在 10 厘米 ×10 厘米范围内,用 3.5 毫米棒针织起伏针,织 18 针、34 行

缩略语

参见第 140 页

帽子

起55(59,63,71)针。

第1、2行：织下针。

第3行（正面）：【织1针下针，1针上针】重复织4次，织1针下针，空针，织10(12,14,18)针下针，空针，【织1针下针，1针上针】重复织8次，织1针下针，空针，织10(12,14,18)针下针，空针，【织1针下针，1针上针】重复织4次，织1针下针。共59(63,67,75)针。

第4行：【织1针上针，1针下针】重复织4次，织2针上针，织10(12,14,18)针下针，织2针上针，【织1针下针，1针上针】重复织8次，织1针上针，织10(12,14,18)针下针，织2针上针，【织1针下针，1针上针】重复织4次。

第5行：【织1针下针，1针上针】重复织4次，织1针下针，空针，织12(14,16,20)针下针，空针，【织1针下针，1针上针】重复织8次，织1针下针，空针，织12(14,16,20)针下针，空针，【织1针下针，1针上针】重复织4次，织1针下针。共63(67,71,79)针。

第6行：【织1针上针，1针下针】重复织4次，织2针上针，织12(14,16,20)针下针，织2针上针，【织1针下针，1针上针】重复织8次，织1针上针，织12(14,16,20)针下针，织2针上针，【织1针下针，1针上针】重复织4次。

第7行：【织1针下针，1针上针】重复织4次，织1针下针，空针，织14(16,18,22)针下针，空针，【织1针下针，1针上针】重复织8次，织1针下针，空针，织14(16,18,22)针下针，空针，【织1针下针，1针上针】重复织4次，织1针下针。共67(71,75,83)针。

第8行：【织1针上针，1针下针】重复织4次，织2针上针，织14(16,18,22)针下针，织2针上针，【织1针下针，1针上针】重复织8次，织1针上针，织14(16,18,22)针下针，织2针上针，【织1针下针，1针上针】重复织4次。

第9行：【织1针下针，1针上针】重复织4次，织1针下针，空针，织16(18,20,24)针下针，空针，【织1针下针，1针上针】重复织8次，织1针下针，空针，织16(18,20,24)针下针，空针，【织1针下针，1针上针】重复织4次，织1针下针。共71(75,79,87)针。

第10行：【织1针上针，1针下针】重复织4次，织2针上针，织16(18,20,24)针下针，织2针上针，【织1针下针，1针上针】重复织8次，织1针上针，织16(18,20,24)针下针，织2针上针，【织1针下针，1针上针】重复织4次。

第11行：织1针下针，【织左下2针并1针】重复织4次，织19(21,23,27)针下针，【织左下2针并1针】重复织8次，织19(21,23,27)针下针，【织左下2针并1针】重复织4次。剩55(59,63,71)针。

第12行：织下针。

将第3~12行再重复织1(1,1,2)次，然后将第3~10行再重复织1次。共71(75,79,87)针。

下一行：织1针下针，【织左下4针并1针】重复织2次，织1针下针，【织左下4针并1针】重复织4(4,5,6)次，【织左下2针并1针】重复织0(1,0,0)次，织2针下针，【织左下4针并1针】重复织4次，织1针下针，【织左下4针并1针】重复织4(4,5,6)次，【织左下2针并1针】重复织0(1,0,0)次，织2针下针，【织左下4针并1针】重复织2次。剩23(25,25,27)针。

收针。

缝合

松松地藏线头。

按照线团带子上的指示熨平织片。

将行的两端都缝合在一起，然后将帽子对折，将折缝留在中间，缝合帽顶。

波纹帽

婴儿肋骨靴

这是为婴儿粉嫩的小脚设计的一款靴子。

尺寸

尺码（月龄）　　1~3 个月
成品的鞋底尺寸　9 厘米

毛线

1 团 50 克的 Rowan Pima Cotton DK in Lozenge 055 毛线

材料

3 毫米棒针 1 对
刺绣针
鞋底用 25 厘米 x 25 厘米的小羊皮以及结实的缝衣针和线（自选）

密度

在 10 厘米 ×10 厘米范围内，用 3 毫米棒针织上下针，织 20 针、28 行

缩略语

参见第 140 页

鞋面（织2个）

起57针。

第1行（正面）：织下针。

第2行：【织1针上针，1针下针】重复织，直到最后1针，织1针上针。

第3行：【织1针下针，1针上针】重复织，直到最后1针，织1针下针。

第4行：【织1针上针，1针下针】重复织，直到最后1针，织1针上针。

将第3、4行再重复织2次。

第9行：【织1针下针，1针上针】重复织10次，【织右下2针并1针】重复织4次，织1针下针，【织左下2针并1针】重复织4次，【织1针上针，1针下针】重复织10次。剩49针。

第10行：【织1针上针，1针下针】重复织10次，【织左上2针并1针】重复织2次，织1针上针，【织左上2针并1针】重复织2次，【织1针下针，1针上针】重复织10次。剩45针。

第11行：【织1针下针，1针上针】重复织10次，织右下2针并1针，织1针下针，织左下2针并1针，【织1针上针，1针下针】重复织10次。剩43针。

第12行：【织1针上针，1针下针】重复织9次，【织1针上针，织左上2针并1针】重复织2次，织1针上针，【织1针下针，1针上针】重复织9次。剩41针。

第13行：【织1针下针，1针上针】重复织9次，织右下2针并1针，织1针下针，织左下2针并1针，【织1针上针，1针下针】重复织9次。剩39针。

第14行：【织1针上针，1针下针】重复织8次，【织1针上针，织左上2针并1针】重复织2次，织1针上针，【织1针下针，1针上针】重复织8次。剩37针。

第15行：【织1针下针，1针上针】重复织8次，织右下2针并1针，织1针下针，织左下2针并1针，【织1针上针，1针下针】重复织8次。剩35针。

第16行：【织1针上针，1针下针】重复织7次，【织1针上针，织左上2针并1针】重复织2次，织1针上针，【织1针下针，1针上针】重复织7次。剩33针。

第17行：【织1针下针，1针上针】重复织7次，织右下2针并1针，织1针下针，织左下2针并1针，【织1针上针，1针下针】重复织7次。剩31针。

第18行：【织1针上针，1针下针】重复织6次，【织1针上针，织左上2针并1针】重复织2次，织1针上针，【织1针下针，1针上针】重复织6次。剩29针。

第19行：【织1针下针，1针上针】重复织6次，织右下2针并1针，织1针下针，织左下2针并1针，【织1针上针，1针下针】重复织6次。剩27针。

第20行：【织1针上针，1针下针】重复织5次，【织1针上针，织左上2针并1针】重复织2次，织1针上针，【织1针下针，1针上针】重复织5次。剩25针。

第21行：【织1针下针，1针上针】重复织5次，织右下2针并1针，织1针下针，织左下2针并1针，【织1针上针，1针下针】重复织5次。剩23针。

第22行：【织1针上针，1针下针】重复织5次，织3针上针，【织1针下针，1针上针】重复织5次。

第23行：【织1针下针，1针上针】重复织5次，织3针下针，【织1针上针，1针下针】重复织5次。

第24行：【织1针上针，1针下针】重复织5次，织3针上针，【织1针下针，1针上针】重复织5次。

将第23、24行再重复织2次，然后将第23行再重复织1次。

收针。

鞋底（织2个）

起7针。

第1行（正面）：织下针。

第2行：织上针。

将第1、2行再重复织1次。

第5行：织2针下针，加1针，织1针下针，加1针，织2针下针。共9针。

第6行：织上针。

第7行：织下针。

第8行：织上针。

第9行：织2针下针，加1针，织3针下针，加1针，织2针下针。共11针。

第10行：织上针。

织6行上下针。

第17行：织2针下针，织右下2针并1针，织3针下针，织左下2针并1针，织2针下针。剩9针。

第18行：织上针。

第19行：织下针。

第20行：织上针。

第21行：织2针下针，织右下2针并1针，织1针下针，织左下2针并1针，织2针下针。剩7针。

第22行：织上针。

第23行：织下针。

第24行：织上针。

对于单层鞋底，收针。

对于双层鞋底，将第1~23行再重复织1次，收针。

缝合

松松地藏线头。

按照线团带子上的指示熨平织片。

对于每只靴子，将鞋面的织片缝合在一起形成靴筒，在脚脖的后部形成一条缝。将前8行罗纹针部分在脚脖上部向里对折并缝合。

如果织的是双层鞋底，分别将两个织片反面相对对折。将鞋面与鞋底固定在一起，确保鞋面与鞋底均匀对齐，然后将它们缝合在一起。

如果想要更舒适些，可以剪一块小羊皮，形状、大小与鞋底相同，然后将它缝在靴子的底部。

婴儿肋骨靴

美利奴羊毛蕾丝毯子

这款毯子的花样编织是奇数行,这就使得它可以正反两面使用。一旦开始编织,你就会发现非常容易织,只要一直按照针数织就行了。

尺寸

尺码(月龄)　　一个尺码
成品尺寸　　　54 厘米 x 58 厘米

毛线

3 团 50 克的 MillaMia Naturally Soft Merino in Fawn 160 毛线

材料

2.5 毫米和 3.5 毫米棒针各 1 对
刺绣针

密度

在 10 厘米 ×10 厘米范围内,用 3.5 毫米棒针织花样,织 22 针、26 行

缩略语

参见第 140 页

毯子

用2.5毫米棒针,起122针。

第1行:织2针下针,【织2针上针,2针下针】重复织,直到行末。

第2行:织2针上针,【织2针下针,2针上针】重复织,直到行末。

将第1、2行再重复织2次。

换成3.5毫米棒针。

第7行:织2针下针,2针上针,2针下针,【空针,织左下2针并1针】重复织,直到最后6针,织2针下针,2针上针,2针下针。

第8行:织2针上针,2针下针,织上针直到最后4针,织2针下针,2针上针。

第9行:织2针下针,2针上针,织下针直到最后4针,织2针上针,2针下针。

第10行:织2针上针,2针下针,织上针直到最后4针,织2针下针,2针上针。

第11行:织2针下针,2针上针,2针下针,【织右下3针并1针，织4针下针，空针，织1针下针，空针，织4针下针】重复织，直到最后6针，织2针下针，2针上针，2针下针。

第12行：织2针上针，2针下针，2针上针，【织左上3针并1针，织4针上针，空针，织1针上针，空针，织4针上针】重复织，直到最后6针，织2针上针，2针下针，2针上针。

第13行：织2针下针，2针上针，2针下针，【织左上3针并1针，织4针上针，空针，织1针上针，空针，织4针上针】重复织，直到最后6针，织2针下针，2针上针，2针下针。

第14行：织2针上针，2针下针，2针上针，【织右下3针并1针，织4针下针，空针，织1针下针，空针，织4针下针】重复织，直到最后6针，织2针上针，2针下针，2针上针。

第15行：织2针下针，2针上针，2针下针，【织左上3针并1针，织4针上针，空针，织1针上针，空针，织4针上针】重复织，直到最后6针，织2针下针，2针上针，2针下针。

第16行：织2针上针，2针下针，2针上针，【空针，织左下2针并1针】重复织，直到最后6针，织2针上针，2针下针，2针上针。

第17行：织2针下针，2针上针，2针下针，织上针直到最后6针，织2针下针，2针上针，2针下针。

第18行：织2针上针，2针下针，2针上针，织下针直到最后6针，织2针上针，2针下针，2针上针。

第19行：织2针下针，2针上针，2针下针，织上针直到最后6针，织2针下针，2针上针，2针下针。

第20行：织2针上针，2针下针，2针上针，【织右下3针并1针，织4针下针，空针，织1针下针，空针，织4针下针】重复织，直到最后6针，织2针上针，2针下针，2针上针。

第21行：织2针下针，2针上针，2针下针，【织左上3针并1针，织4针上针，空针，织1针上针，空针，织4针上针】重复织，直到最后6针，织2针下针，2针上针，2针下针。

第22行：织2针上针，2针下针，2针上针，【织左上3针并1针，织4针上针，空针，织1针上针，空针，织4针上针】重复织，直到最后6针，织2针上针，2针下针，2针上针。

第23行：织2针下针，2针上针，2针下针，【织右下3针并1针，织4针下针，空针，织1针下针，空针，织4针下针】重复织，直到最后6针，织2针下针，2针上针，2针下针。

第24行：织2针上针，2针下针，2针上针，【织左上3针并1针，织4针上针，空针，织1针上针，空针，织4针上针】重复织，直到最后6针，织2针上针，2针下针，2针上针。

将第 7~24 行再重复织 6 次，然后将第 7~16 行再重复织 1 次。

换成 2.5 毫米棒针。

下一行：织2针下针，【织2针上针，2针下针】重复织，直到行末。

下一行：织2针上针，【织2针下针，2针上针】重复织，直到行末。

将最后 2 行再重复织 2 次。

收针。

完成

松松地藏线头。

按照线团带子上的指示熨平毯子。

美利奴羊毛蕾丝毯子

棉麻蕾丝毯子

这款蕾丝毯子无论给男孩子,还是给女孩子盖都非常适合。它是用可爱的棉麻线编织的,非常适合夏天使用。这种毛线里有非常纤细的绒毛,如果你不喜欢的话,可以换成别的种类的毛线。

尺寸

尺码(月龄)　　一个尺码
成品尺寸　　　 65 厘米 x 72 厘米

毛线

2 团 100 克的 Rowan Creative Linen in Salmon 627 毛线

材料

4 毫米棒针 1 对
刺绣针

密度

在 10 厘米 ×10 厘米范围内,用 4 毫米棒针织花样,织 14 针、23 行

缩略语

参见第 140 页

毯子

起91针。

从1个下针行开始织,织11行上下针。

第12行(反面):织8针上针,3针下针,【织3针上针,3针下针】重复织12次,织8针上针。

第13行:织8针下针,1针上针,空针,织左上2针并1针,【织3针下针,1针上针,空针,织左上2针并1针】重复织12次,织8针下针。

第14行:织8针上针,3针下针,【织3针上针,3针下针】重复织12次,织8针上针。

第15行:织8针下针,织左上2针并1针,空针,织1针上针,【织3针下针,织左上2针并1针,空针,织1针上针】重复织12次,织8针下针。

第16行:织8针上针,3针下针,【织3针上针,3针下针】重复织12次,织8针上针。

第17行:织8针下针,2针上针,空针,织1针上针,【织右下3针并1针,(织1针上针,空针)重复织2次,织1针上针】重复织,直到最后14针,织右下3针并1针,织1针上针,空针,织2针上针,8针下针。

第18行:织11针上针,【织3针下针,3针上针】重复织12次,织8针上针。

第19行:织11针下针,【织左上2针并1针,空针,织1针上针,3针下针】重复织12次,织8针下针。

第20行:织11针上针,【织3针下针,3针上针】重复织12次,织8针上针。

第21行:织11针下针,【织1针上针,空针,织左上2针并1针,织3针下针】重复织12次,织8针下针。

第22行:织11针上针,【织3针下针,3针上针】重复织12次,织8针上针。

第23行:织9针下针,织左下2针并1针,【(织1针上针,空针)重复织2次,织1针上针,织右下3针并1针】重复织,直到最后14针,【织1针上针,空针】重复织2次,织1针上针,织右下2针并1针,织9针下针。

将第12~23行再重复织11次,然后将第12~14行再重复织1次。

织10行上下针。

收针。

完成

松松地藏线头。

按照线团带子上的指示熨平毯子。

棉麻蕾丝毯子

小海豚睡袋

比起实用性,这款睡袋的趣味性更强些。这是为新生儿设计的保暖睡袋。

尺寸

尺码(月龄)　　　　　1~5 个月
成品的"腰部"尺寸　　50 厘米
成品的长度尺寸　　　　40 厘米

毛线

3 团 50 克的 MillaMia Naturally Soft Merino in Storm 102 毛线

材料

2.75 毫米和 3.5 毫米棒针各 1 对
麻花针
防解别针
刺绣针
宽 1.5 厘米的带子 1 米,用于打结(自选)
穿带器或长发夹

密度

在 10 厘米 ×10 厘米范围内,用 3.5 毫米棒针织麻花花样,织 30 针、30 行

缩略语

C4B(><):将接着的2针滑到麻花针上,并将麻花针放在织片的后面,从左手棒针上将接着的2针织下针,然后从麻花针上织2针下针。
C4F(><):将接着的2针滑到麻花针上,并将麻花针放在织片的前面,从左手棒针上将接着的2针织下针,然后从麻花针上织2针下针。
同时参见第 140 页。

小海豚身子（织2个）

用2.75毫米棒针，起74针。
第1行（正面）：【织1针下针，1针上针】重复织，直到行末。
将第1行再重复织13次。
换成3.5毫米棒针。
第15行：织下针。
第16行和所有的反面行：织上针。
第17行：织1针下针，【织C4B，织C4F】重复织，直到最后1针，织1针下针。
第19行：织下针。
第21行：织1针下针，【织C4F，织C4B】重复织，直到最后1针，织1针下针。
第23行：织下针。
第24行：织上针。
将第17~24行再重复织2次，然后将第17~21行再重复织1次。
下一行：织上针，在行的每一端各减1针。剩72针。
按照设定保持麻花花样正确，在下一行的每一端和接下来每隔一行的每一端各减1针，直到剩下34针。
织7行花样。
继续织花样，在每一行的每一端各加1针，直到达到66针。

将"脚"分开

下一行（正面）：织2针下针，加1针，织27针下针，织左下2针并1针，织2针下针，翻面（将剩下的33针留在1个防解别针上）。剩33针。
下一行：织31针上针，加1针，织2针上针。共34针。
下一行：按照设定织麻花花样。按照设定在行的开始端加1针，在行的结束端减1针。共34针。

下一行：织32针上针，加1针，织2针上针。共35针。

下一行：按照设定织麻花花样。按照设定在行的开始端加1针，在行的结束端减1针。共35针。

下一行：织上针直到最后2针，加1针，织2针上针。共36针。

将最后2行再重复织1次。共37针。

下一行：按照设定织麻花花样。按照设定在行的开始端加1针，在行的结束端减1针。共37针。

下一行：织2针上针，织左上2针并1针，织上针直到行末。剩36针。

将最后2行再重复织2次。剩34针。

下一行：按照设定织麻花花样，直到最后4针，织左下2针并1针，织2针下针。剩33针。

下一行：织2针上针，织左上2针并1针，织上针直到行末。剩32针。

将最后2行再重复织3次。剩26针。

下一行：按照设定织麻花花样。

收针，在每次套针之前，将2针并针织下针。

织第2只"脚"

将织片正面朝向编织者，将所有针目从防解别针上滑到棒针上，重新接上毛线。

下一行（正面）：织2针下针，织右下2针并1针，织27针下针，加1针，织2针下针。共33针。

下一行：织2针上针，加1针，织31针上针。共34针。

下一行：按照设定织麻花花样。按照设定在行的开始端加1针，在行的结束端减1针。共34针。

下一行：织2针上针，加1针，织32针上针。共35针。

下一行：按照设定织麻花花样。按照设定在行的开始端减1针，在行的结束端加1针。共35针。

下一行：织2针上针，加1针，织上针直到行末。共36针。

将最后2行再重复织1次。共37针。

下一行：按照设定织麻花花样。按照设定在行的开始端减1针，在行的结束端加1针。共37针。

下一行：织上针直到最后4针，织左上2针并1针，织2针上针。剩36针。

将最后2行再重复织2次。剩34针。

下一行：织2针下针，织右下2针并1针，织花样直到行末。剩33针。

下一行：织上针直到最后4针，织左上2针并1针，织2针上针。剩32针。

将最后2行再重复织3次。剩26针。

下一行：按照设定织麻花花样。

收针，在每次套针之前，将2针并针织下针。

缝合

松松地藏线头。

按照线团带子上的指示熨平织片。

将一个织片反面相对叠放在另一个织片的上面，将它们的侧面和脚部缝合在一起，将罗纹针部分留在上部开口一侧，不缝合。

将罗纹针部分朝里对折并缝合，做一个通道让带子可以穿过。用穿带器或长发夹，将带子穿过通道，在侧边打结，剪断带子，确保不让多余的带子留在外面。

小海豚睡袋

妈妈的蕾丝披肩

这是一款送给妈妈的奢华小礼物,也可以当作可爱的礼物送给好朋友。我实在忍不住织了这条漂亮的披肩,它是用成分是羊驼毛的漂亮的蕾丝毛线织成的。

尺寸

尺码(月龄)　　一个尺码
成品尺寸　　　　41.5厘米 x 143厘米

毛线

3团50克的Rowan Fine Lace in Cobweb 922毛线,从始至终用的都是双股线

材料

4毫米棒针1对
刺绣针

密度

在10厘米×10厘米范围内,用4毫米棒针织上下针,织18针、30行,注意要2股毛线一起使用

缩略语

参见第140页

注意:如果喜欢的话,可以将披肩织长些,但这样的话,就需要更多的毛线。

主要部分

用2股毛线，起75针。

第1行（正面）：织下针。

第2行：织上针。

第3行：织下针。

第4行：织3针上针，【织3针下针，3针上针】重复织，直到行末。

第5行：织3针下针，【织左上2针并1针，空针，织1针上针，3针下针】重复织，直到行末。

第6行：同第4行。

第7行：织3针下针，【织1针上针，空针，织左上2针并1针，织3针下针】重复织，直到行末。

第8行：同第4行。

第9行：织1针下针，织左下2针并1针，【（织1针上针，空针）重复织2次，织1针上针，织右下3针并1针】重复织11次，【织1针上针，空针】重复织2次，织1针上针，织右下2针并1针，织1针下针。

第10行：织3针下针，【织3针上针，3针下针】重复织，直到行末。

第11行：织1针上针，空针，织左上2针并1针，【织3针下针，1针上针，空针，织左上2针并1针】重复织，直到行末。

第12行：同第10行。

第13行：织左上2针并1针，空针，织1针上针，【织3针下针，织左上2针并1针，空针，织1针上针】重复织，直到行末。

第14行：同第10行。

第15行：织2针上针，空针，织1针上针，【织右下3针并1针，（织1针上针，空针）重复织2次，织1针上针】重复织11次，织右下3针并1针，织1针上针，空针，织2针上针。

将第4~15行再重复织3次。

从1个上针行开始织，织上下针，织10厘米，以1个正面行结束。

妈妈的蕾丝披肩

* 将第4~15行再重复织4次。

从1个上针行开始织，织上下针，织10厘米，以1个正面行结束。

从*处开始，再重复织2次。

将第4~15行再重复织4次。

织1行下针。

收针。

蕾丝边（织2条）

用2股毛线，起9针。

第1行（正面）：织下针。

第2行：织上针。

第3行：滑1针，织1针下针，空针，织左下2针并1针，【空针，织1针下针】重复织3次，空针，织2针下针。共13针。

第4行：织11针上针，2针下针。

第5行：滑1针，织1针下针，空针，织左下2针并1针，空针，织3针下针，空针，织1针下针，空针，织3针下针，空针，织2针下针。共17针。

第6行：织15针上针，2针下针。

第7行：滑1针，织1针下针，空针，织左下2针并1针，空针，滑2针，织左下3针并1针，将2针滑针套过左侧针目，空针，织1针下针，空针，空针，滑2针，织左下3针并1针，将2针滑针套过左侧针目，空针，织2针下针。剩13针。

第8行：收4针（1针在右手棒针上），织6针上针，2针下针。剩9针。

重复织第3~8行，直到蕾丝边宽度等于披肩的宽度。

收针。

缝合

松松地藏线头。

按照线团带子上的指示熨平织片。

在主要部分的两端各缝一条蕾丝边。

缩略语

DK：双面织。

左下 2 针并 1 针：将 2 针（或指定的针数）并为 1 针下针。

加 1 针：在刚才织过的那一针目和下一针目之间有根线，将左手棒针从前往后插入这根线的下方，将该线圈穿在左手棒针上，从针目后方穿入棒针织 1 针下针。

左上 2 针并 1 针：将 2 针（或指定的针数）并为 1 针上针。

右下 3 针并 1 针：滑 1 针，织左下 2 针并 1 针，将滑针套过并 1 针。

右下 2 针并 1 针：滑 1 针，滑 1 针，从针目后方穿入棒针将滑针并在一起织下针。

上下针（平针）：正面全下针的织法。当正反面编织时，在正面编织的行都织下针，在反面编织的行都织上针。当圈编时，所有的行都织下针。

左下 2 针并 1 针的编织图解：

左下 3 针并 1 针的编织图解：

左下 4 针并 1 针的编织图解：

左上 2 针并 1 针的编织图解：

左上 3 针并 1 针的编织图解：

右下 2 针并 1 针的编织图解：

右下 3 针并 1 针的编织图解：

空针的编织图解：

选择毛线

如果你选择了书中推荐的毛线来编织，那么只要挑选你想要的颜色就可以了。但是，如果你用其他毛线来代替推荐的毛线，那么有些规则就需要遵守：

首先，除非你已经在不同的花样中使用过这种毛线，否则，选择与所推荐毛线一样重量的替代毛线，也就是想要用相同重量的4股毛线织一件推荐花样的毛衣，是会出大问题的，即使你选择的替代毛线与推荐的毛线重量一样。要记住，同样重量的毛线也不总是能织出同样的密度，所以，你必须先织一个密度样本。替代毛线的线团带子上会提供一个平均密度，只要它与推荐毛线的密度的误差不超过1个针目，那么通过更换不同号码的棒针，应该就能得到正确的密度；误差超过1个针目就会引发问题。

然后，你必须算出需要多少团替代毛线。你不能只是简单地购买推荐中指明的线团数量，因为，即使替代线团的重量与所推荐线团的重量一样，它们的长度（米）也不一定相同，而这是相当重要的。要计算出需要购买的替代毛线的数量，你必须做下面的加法：

1团推荐毛线的长度（米）乘以需要的线团数量，得出所需毛线的总长度（米）。

所需毛线的总长度（米）除以1团替代毛线的长度（米），得出你需要购买的替代毛线的线团数量。

举例说明

1团推荐毛线的长度为125米，需要15团毛线。那么需要的毛线的总长度是 $125 \times 15 = 1875$ 米。

一团替代毛线的长度为95米，$1875 \div 95 \approx 19.74$。因此，你必须购买20团替代毛线。

如果在当地有一家好的毛线店，那么，店员也会帮你选择合适的替代毛线。

如果你用的是替代毛线，那么很有必要先织后片，再织一只袖子。这样大概相当于织了一件毛衣的一半，就可以看出你是否有足够的毛线来完成这款毛衣了。

毛线资料

Debbie Bliss Baby Cashmerino毛线：每团长125米，重50克；内含55%美利奴羊毛，33%微纤维，12%开士米羊毛。

Debbie Bliss Bella毛线：每团长95米，重50克；内含85%棉，10%丝，5%开士米羊毛。

Debbie Bliss Eco Aran毛线：每团长75米，重50克；内含100%有机棉。

Debbie Bliss Rialto Aran毛线：每团长80米，重50克；内含100%美利奴羊毛。

Malabrigo Merino Worsted毛线：每绞长192米，重100克；内含100%美利奴羊毛。

MillaMia Naturally Soft Merino毛线：每团长125米，重50克；内含100%超细美利奴羊毛。

Rowan Baby Merino Silk DK毛线：每团长135米，重50克；内含66%超细耐洗羊毛，34%丝。

Rowan Belle Organic DK by Amy Butler毛线：每团长120米，重50克；内含50%有机棉，50%有机羊毛。

Rowan Cashsoft DK毛线：每团长115米，重50克；内含10%开士米羊毛，57%超细美利奴羊毛，33%丙烯酸微纤维。

Rowan Creative Linen毛线：每绞长200米，重100克；内含50%亚麻，50%棉。

Rowan Fine Lace毛线：每团长400米，重50克；内含80%幼羊驼毛，20%细美利奴羊毛。

Rowan Pima Cotton DK毛线：每团长130米，重50克；内含100%比马棉。

Rowan Pure Wool DK毛线：每团长125米，重50克；内含100%超细耐洗羊毛。

Rowan Wool Cotton毛线：每团长113米，重50克；内含50%棉，50%美利奴羊毛。

供货商

Debbie Bliss   www.designeryarns.uk.com
Malabrigo   www.malabrigoyarn.com
MillaMia   www.millamia.com
Rowan   www.knitrowan.com

换算

棒针的尺码

下表将棒针的三个体系的当量尺码都列出来了。

公制	美制	老的英制/加拿大制
25	50	—
19	35	—
15	19	—
10	15	000
9	13	00
8	11	0
7.5	11	1
7	$10^{1}/_{2}$	2
6.5	$10^{1}/_{2}$	3
6	10	4
5.5	9	5
5	8	6
4.5	7	7
4	6	8
3.75	5	9
3.5	4	—
3.25	3	10
3	2/3	11
2.75	2	12
2.25	1	13
2	0	14
1.75	00	—
1.5	000	—

感　谢

毫无疑问，没有这些人的帮忙，这本书就不会问世。

Collins & Brown 出版社的老师们都给予了极大的帮助。Amy Christian 确保一切按计划进行，当不能按计划进行时，她给予了理解和支持。Laura Russell 及花样设计团队，帮助我拍摄图片以及设计出漂亮的花样构图。Margarita Lygizou 帮助我筹划这本书的出版并解释所有的程序是如何运行的。

Michelle Pickering 对本书的花样编织进行了第一次深度的检查，我知道这项工作耗费了她很多精力，使她华发早生。Marilyn Wilson，感谢她在检验我的编织花样期间的毅力、耐心和支持。诚恳地说，没有她们的帮助，就不会有这些编织花样。

来自 Rowan 公司的 Kate Buller，Marie Wallin，David MacLeod，Vicky Sedgwick，来自 MillaMia 公司的 Katarina Rosen 和来自 Designer Yarns 公司的 Dionne Taylor，他们不仅为我提供漂亮的毛线，对我的工作也给予了很大鼓舞。

Suzie Zuber，一位母亲，也是一位超级编织者，给我提供了很多专业的建议、意见，并给予了支持。

在 Nest in Crouch End 的人们，以及 John Lewis Oxford Street 的职员们，总是抽出时间给我建议和意见。

我的小模特们和他们的父母：Bella-Blu，Nanna，Jasmine，Ottilie，Rahul，Alexander，Iben，Jameelah 和 Nicolas，感谢你们给予我的帮助，感谢你们的耐心和鼓励。

Antonio，总是在我编织和设计的路上慷慨地给我支持和帮助。

我的家人：我妈妈总是在我不确定该怎么做时给我建议和帮助；我爸爸在丹麦更新与我的书有关的一切资料；我的妹妹 Martin、我的外甥与外甥女，总是试织、试穿我设计的衣服；Birthe，大概买了我第一本书的所有美国版本的一半；我的 nan，已经去世了，是这本书非常好的公关专家；还有许多许多人我要感谢……

感谢我的朋友们鼓励的话语和他们为这本书的出版所提供的帮助。